电机实验

段述江 吴 坚 黄绪永 著

四川大学出版社

责任编辑:唐　飞
责任校对:李思莹
封面设计:墨创文化
责任印制:王　炜

图书在版编目(CIP)数据

电机实验 / 段述江，吴坚，黄绪永著. —成都：
四川大学出版社，2014.8（2024.1 重印）
ISBN 978−7−5614−7986−5

Ⅰ.①电… Ⅱ.①段… ②吴… ③黄… Ⅲ.①电机−
实验 Ⅳ.①TM306

中国版本图书馆 CIP 数据核字（2014）第 200534 号

书　名	**电机实验**	
著　者	段述江　吴　坚　黄绪永	
出　版	四川大学出版社	
地　址	成都市一环路南一段 24 号 (610065)	
发　行	四川大学出版社	
书　号	ISBN 978−7−5614−7986−5	
印　刷	四川煤田地质制图印务有限责任公司	
成品尺寸	185 mm×260 mm	
印　张	6.75	
字　数	160 千字	
版　次	2014 年 9 月第 1 版	◆读者邮购本书,请与本社发行科联系。
印　次	2024 年 1 月第 2 次印刷	电话:(028)85408408/(028)85401670/
定　价	28.00 元	(028)85408023　邮政编码:610065

◆本社图书如有印装质量问题,请
　寄回出版社调换。
◆网址:http://press.scu.edu.cn

前　言

　　电机实验是学习研究电机理论的重要环节，其目的在于通过实验验证和研究电机理论，使学生掌握电机实验的方法和基本技能，培养学生严肃认真、实事求是的科学作风。随着科学技术的不断发展，过去的实验内容已不能适合当前的需要，许多实验方法、测量线路包括测量工具等都做了较大的改动。因此，我们重新编写了这本实验书，以满足现阶段学习实验的需要。

　　本书主要介绍常用的变压器、异步电机、同步电机和直流电机的相关实验和实验原理，使学生可以掌握实验方法，学会选择使用较新的仪器仪表、测量实验数据等基本实验研究技能，加深对电机学理论知识的理解。

　　本书主要以电机教学实验为主，并兼顾工程实验应用。本书是在苏翼德老师 1995 年编写的《电机实验指导书》的基础上加以改编的，在此对苏老师多年来为电机实验工作做出的贡献表示感谢。同时，在该书的出版中，曾成碧、苗虹、赵莉华、张代润老师投入了大量的精力，给予了大力支持和帮助，在此一并表示感谢。

编　者

2014 年 5 月

目　录

电机学实验操作规程

1.1　实验安全操作规程

电机学实验使用的电源均是 220 V 或 380 V 强电。为了使实验顺利进行，确保实验时人身安全与设备安全，要严格遵守如下安全操作规程：

（1）实验时，人体不可接触带电线路。

（2）接线或拆线都必须在切断电源的情况下进行。

（3）学生完成独立接线或改接线路后必须经指导教师检查和允许，并使组内其他同学引起注意后方可接通电源。实验中如有事故发生，应立即切断电源，经查清问题和妥善处理故障后，才能继续进行实验。

（4）电机如直接启动，应先检查功率表及电流表量程是否符合要求，是否有短路回路存在，以免损坏仪表或电源。

（5）总电源或实验台控制屏上的电源接通应由实验指导人员来控制，其他人员只能在指导人员允许后方可操作，不得自行合闸。

1.2　基本操作规程

电机学实验课的目的在于培养学生掌握基本的实验方法与操作技能，培养学生能根据实验目的、实验内容及实验设备来拟订实验线路，选择实验仪表，确定实验步骤，测取所需数据，并进行分析研究，得出必要结论，从而完成实验报告。学生在整个实验过程中必须集中精力，认真做好实验。现按实验过程对学生提出下列基本要求。

1.2.1　实验前的准备

实验前应复习教材有关章节，认真研读实验指导书，了解实验目的、项目、方法与步骤，明确实验过程中应注意的问题（有些内容可到实验室对照实验预习，如熟悉组件的编号、使用及其规定值等）。

实验前应写好预习报告，经指导教师检查后，方可进行实验。

认真做好实验前的准备工作，对培养学生独立工作能力、提高实验质量和保护实验设备都是很重要的。

1.2.2 实验的进行

1. 选择组件和仪表。

实验前应首先熟悉该次实验所用的组件，记录电机铭牌和选择仪表量程，然后依次排列组件和仪表，以便于测取数据。

2. 按图接线。

根据实验线路图及所选组件、仪表接线，线路力求简单明了。一般接线原则是先接串联主回路，再接并联支路。为方便查找线路，每路可选用相同颜色的导线。

3. 启动电机，观察仪表。

在正式开始实验之前，先熟悉仪表刻度，并记下倍率，然后按一定规范启动电机，观察所有仪表是否正常（如指针正、反向是否超满量程等）。如果出现异常，应立即切断电源，并排除故障；如果一切正常，即可正式开始实验。

4. 测取数据。

预习时，应对该次实验的方法及所测数据的大小做到心中有数。正式实验时，根据实验步骤逐步测取数据。

5. 认真负责，实验有始有终。

实验完毕，必须将实验数据交指导教师审阅。经指导教师认可后，才允许拆线并把实验所用的组件、导线及仪表等物品整理好。

1.2.3 实验报告

实验报告是根据实测数据和在实验中观察和发现的问题，经过自己分析研究或讨论后写出的心得体会。

实验报告要简明扼要、字迹清楚、图表整洁、结论明确。

实验报告包括以下内容：

（1）实验名称、专业班级、姓名、学号、实验日期、室温。

（2）列出实验中所用组件的名称及编号、电机铭牌数据等。

（3）列出实验项目并绘出实验时所用的线路图，同时注明仪表量程、电阻器阻值、电源端子编号等。

（4）简述实验原理。

（5）数据整理和计算。

（6）按记录及计算的数据用坐标纸画出曲线，图纸尺寸不小于 8 cm×8 cm，曲线要用曲线尺或曲线板连成平滑曲线，不在曲线上的点仍按实际数据标出。

（7）根据数据和曲线进行计算和分析，说明实验结果与理论是否符合，可对某些问题发表自己的见解并写出结论。实验报告应写在一定规格的报告纸上，保持整洁。

（8）每次实验每人独立完成一份实验报告，按时送交指导教师批阅。

功率、电压、电流表
钳形谐波小功率表

测量交流电压、交流电流、交流电压峰值、交流电流峰值、有功功率、无功功率、视在功率（单相或三相）、功率因数、相角。交流电压谐波（达 20 次），交流电路谐波（达 20 次）及总谐波失真度。自动关机后，可以自己重新启动一次。

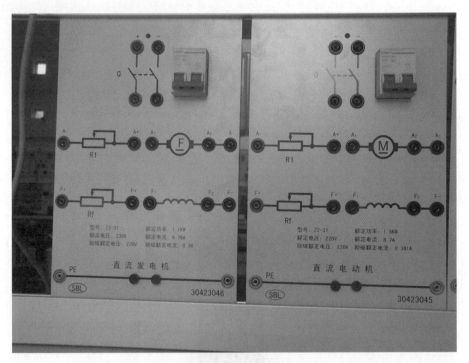

直流电机接线面板

直流电动机和直流发电机

实验一　直流发电机的空载特性和外特性实验

一、实验目的

1. 学习实验室的安全技术规则和电机实验的基本技术要求。
2. 学会直流发电机实验中所有设备、仪表的使用及操作方法。
3. 研究直流发电机在不同励磁方式下的特性。
4. 掌握并励直流发电机的自励条件。

二、预习要点

1. 直流电动机启动时应注意哪些问题？启动后如何实现调速和改变其旋转方向？
2. 何谓直流发电机的空载特性？测取空载特性时应注意哪些问题？
3. 测取直流发电机的外特性时应保持哪些量不变？读取哪些数据？不同励磁方式下的外特性有什么不同？
4. 如何确定复励直流发电机为积复励还是差复励？
5. 并励直流发电机的自励条件有哪些？当不能自励时应如何处理？

三、实验内容

1. 测取他励直流发电机的空载特性。
2. 测取他励直流发电机的外特性。
3. 研究并励直流发电机的自励条件。
4. 测取并励直流发电机的外特性。
5. 测取积复励直流发电机的外特性。

四、实验线路及操作步骤

1. 测取直流发电机的空载特性。

所谓直流发电机的空载特性，是指将直流发电机作他励发电机在空载情况下运行，保持其转速为额定转速时电枢电压与励磁电流之间的关系曲线，即 $U_0 = f(I_f)$。

实验接线图如 1-1（a）所示。将开关 K_2 置于断开位置，R_a 放在最大位置，R_{f1} 放在最小位置，闭合开关 K_1；启动直流电动机（作为发电机的原动机），调节 R_a 和 R_{f1}，使发电机转速达到额定值；合上开关 K_2，给发电机加励磁，调节 R_{f2} 使发电机空载电压 $U_0 = 1.2U_N$ 左右，同时保持发电机转速始终在额定值的情况下；从 $U_0 = 1.2U_N$ 左右开始，将发电机励磁电流单方向逐次减小，每次记下发电机的空载电压 U_0 及相应励磁电流 I_f，直到 $I_f = 0$（即断开开关 K_2）为止。此时测得的电压即为发电机的剩磁电压，共测取 8~9 组数据记录于表 1-1 中。

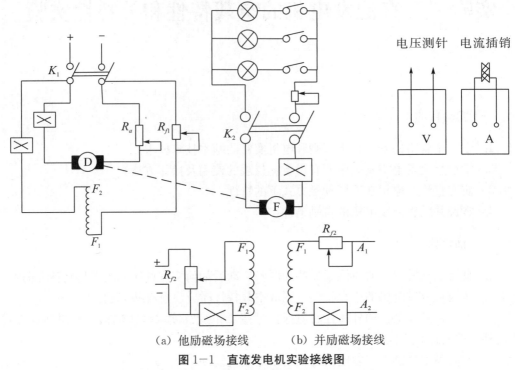

图 1-1　直流发电机实验接线图

（a）他励磁场接线　　　　（b）并励磁场接线

表 1-1

$I = 0$　　$n = n_N = 1450 \text{ r/min}$

U_0（V）								
I_f（A）								

2. 测取他励直流发电机的外特性。

外特性是指发电机的转速和励磁电流均保持额定不变的情况下，电枢电压 U 随负载电流 I 的变化关系曲线，即 $U = f(I)$。

实验接线图如图 1-1（a）所示。在做完第一步的情况下，在电动机正常运行时，不要停机，调节其转速达到发电机额定转速。合上负载开关 K_2，给发电机逐步增加励磁，使电枢电流 I 等于发电机铭牌额定电流，同时要求电枢电压 U 和转速 n 均等于铭牌额定值。要达到此目的，必须同时调节电动机转速、发电机励磁电流 I_f 和发电机负载。当调到 $n = n_N$，$U = U_N$，$I = I_N$ 时，该点即为发电机额定运行点，此时的励磁电流 $I_f = I_{fN}$ 为额定励磁电流。记下此点数据，此点即为外特性的额定运行点，然后保持 $I_f = I_{fN}$ 和 $n = n_N$ 不变，逐步减小负载电流 I（即增大负载电阻），直至 $I = 0$ 为止。每次记下发电机电枢电流 I 和电枢电压 U，在 $I = 0 \sim I_N$ 之间共测取 5~6 组数据记录于表 1-2 中。

表 1-2

$I=0$　$n=n_N=1450$ r/min　$I_f=I_{fN}=$　　A

I（A）						
U（V）						

3. 测取并励直流发电机的外特性。

在电动机不停机的情况下，测取外特性之前，首先研究并励直流发电机的自励条件。实验接线图如图 1-1（b）所示。开关 K_2 断开，当机组转速达到发电机额定转速时，看电势能否建立。

（1）判断自励的首要条件——剩磁是否存在（应如何判断）？ 如果有剩磁，而电势未能建立，则按下条检查。

（2）观察自励的第二条件——磁场回路电阻必须小于电机运行转速相应的临界电阻，此时可减小磁场回路的串联电阻。

（3）若电势还未建立，则应检查自励的第三条件——电枢旋转方向必须和励磁绕组与电枢绕组并联正确配合，以使励磁磁势方向相同，其方法是调换发电机励磁绕组的极性或者改变发电机的旋转方向。

电势建立起来以后再观察以下情况：

（1）仍然保持额定转速，增大磁场回路电阻，当达到某一数值时，观察电势是否下降至剩磁电压。此时的磁场电阻值为相应转速下的临界电阻。

（2）当只有励磁绕组本身电阻存在时，降低电机转速到某一数值后，观察能否自励。此时的转速为电机临界转速。

测取并励发电机的外特性，当发电机自励建立起电压后，合上负载开关 K_2，给发电机加负载使电枢电流 I 增大，同时配合调节机组转速、磁场电阻 R_{f2} 和负载，使电枢电流 I 达到额定值，而转速和电压也为额定值，记下第一组数据，此时 $R_{f2}=R_{fN}$，保持此 R_{fN} 值不变（注意：为什么不保持 I_f 不变），逐步减小负载电流，直到 $I=0$ 为止。每次记下发电机电枢电流 I 和电枢电压 U，在 $I=0\sim I_N$ 之间均匀地测取 5～6 组数据记录于表 1-3 中。

表 1-3

$n=n_N=1450$ r/min　$R_f=R_{fN}=$常数

I（A）						
U（V）						

4. 测取积复励直流发电机的外特性。

实验接线图如图 1-1（b）所示。接入串励磁场绕组，具体接法同学自拟，接好线路后要先判断是积复励还是差复励，待证明所接线路是积复励后再做外特性实验。

测取积复励直流发电机的外特性的实验方法与并励直流发电机的相同，额定点调好后，逐步减小负载电流，直至 $I=0$ 为止，共测取 5～6 组数据记录于表 1-4 中。

表 1—4

$n=n_N=1450 \text{ r/min} \quad R_f=R_{fN}=$常数

I（A）					
U（V）					

五、实验报告

1. 用坐标纸绘出发电机的空载特性 $U_0=f(I_f)$，并标出额定电压点。

2. 用坐标纸将他励、并励和积复励直流发电机的外特性 $U=f(I)$ 画在同一坐标纸上，并进行简要的分析比较。

3. 计算他励、并励和积复励直流发电机的电压变化率，其计算公式为

$$\Delta U=\frac{U_0-U_N}{U_N}\times100\%$$

讨论不同励磁方式下电压变化率 ΔU 大小不相同的原因。

实验二 直流电动机的工作特性和调速特性实验

一、实验目的

1. 掌握测取直流电动机工作特性和调速特性的实验方法。
2. 熟悉直流电动机的启动设备和启动方法。
3. 研究直流电动机的调速方法，了解不同调速方法的适应范围。
4. 观察直流电动机能耗制动过程。

二、预习要点

1. 直流电动机启动时，启动电阻 R_a 应放在什么位置？磁场电阻 R_f 又应放在什么位置？
2. 直流电动机磁场电阻未接通，在启动时会发生什么现象？在正常运行过程中，磁场回路突然断线会产生什么后果？
3. 直流电动机的调速原理是什么？调速方法有哪些？每种调速方法各有什么优缺点？
4. 能耗制动的基本原理是什么？

三、实验内容

1. 在 $U=U_N$，$I_f=I_{fN}$ 保持不变的条件下，测取电动机的转速特性：$n=f(I_a)$。
2. 在 $U=U_N$，$R_a=0$，$M_2=$常数的条件下，测取电动机改变励磁电流的调速特性：$n=f(I_f)$。
3. 在 $U=U_N$，$I_f=I_{fN}$，$M_2=$常数的条件下，测取电动机改变电枢回路电阻的调速特性：$n=f(R_a)$。
4. 在 $I_f=I_{fN}$，$R_a=0$，$M_2=$常数的条件下，测取电动机改变电压的调速特性：$n=f(U)$。
5. 观察直流电动机能耗制动过程。

四、实验线路及操作步骤

在直流电动机正常运转的情况下，整个实验不停机。

1. 做直流电动机负载实验，测取转速特性：$n=f(I_a)$。

实验接线图如图 2-1 所示。

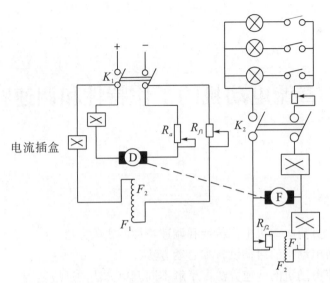

电流插盒

图 2-1　直流电动机实验接线图

启动前注意将磁场电阻 R_{f1} 放在最小位置，电枢回路电阻 R_a 放在最大位置，闭合电源开关 K_1，空载启动直流电动机，并使机组按箭头指示方向旋转，逐步减小启动电阻 R_a，直至将 R_a 全部切除（短路）。

准备测取转速特性，调节磁场电阻 R_{f1} 使电动机转速达到额定值 $n=n_N$（电动机额定转速），合上开关 K_2，调节发电机磁场电阻 R_{f2}，给发电机加励磁，当互相配合调节 R_{f2} 达到 $n=n_N$，$U=U_N$，$I_a=I_N$ 时，记录该组数据并为转速特性的额定运行点，此时的励磁电流 $I_f=I_{fN}$ 称为额定励磁电流。

在保持电动机电枢电压 $U=U_N$，$I_f=I_{fN}$ 不变的情况下，逐次减小发电机负载，使电动机电枢电流逐次减小，每次读取 I_a 和 n，直到电动机电枢电流为空载电流 I_{a0} 为止，在 $I_a=I_{a0} \sim I_N$ 之间测取 5~6 组数据记录于表 2-1 中。

表 2-1

$U=U_N=220$ V　$I_f=I_{fN}=$ 　 A

I_a（A）						
n（r/min）						

2. 测取电动机改变励磁电流的调速特性：$n=f(I_f)$。

实验接线图如图 2-1 所示。将负载发电机改接成他励形式，调节励磁使发电机发出额定电压，保持此时励磁电流不变，则磁通 Φ 和电流 I 均不变，则调速为恒转矩调速。然后在保持电动机电枢电压 $U=U_N$ 不变的情况下，逐步减小电动机励磁电流 I_f（即通过逐步增大磁场电阻 R_{f1} 来实现），读取 I_f 及相应的转速 n，注意观察转速不要超过 1800 r/min，超过了就不要继续做。将所测数据记录于表 2-2 中。

表 2-2

$U = U_N = 220\text{ V}$ $M_2 = $ 常数

I_f（A）					
n（r/min）					

3. 测取电动机改变电枢回路电阻的调速特性：$n = f(R_a)$。

实验接线图及保持恒转矩负载的方法与第 2 项实验相同。调节电动机电枢电压 $U = U_N$，励磁电流 $I_f = I_{fN}$。改变电动机的电枢电阻 R_a，该电阻的最大阻值为 320 Ω，目前用的是 2 个 160 Ω 的电阻并联，所以并联后的最大电阻为 80 Ω，每 10 格为 8 Ω，即每 20 格一调。将所测数据记录于表 2-3 中。

表 2-3

$U = U_N = 220\text{ V}$ $I_f = I_{fN} = \quad\quad$ A

R_a（Ω）					
n（r/min）					

4. 测取电动机改变电压的调速特性：$n = f(U)$。

实验接线图及保持恒转矩负载的方法与第 2 项实验相同。把直流电压表接在电动机电枢两端，通过改变电枢回路电阻 R_a 来调节电压，将励磁电流调到 $I_f = I_{fN}$。将所测数据记录于表 2-4 中。

表 2-4

$I_f = I_{fN} = \quad\quad$ A

U（V）					
n（r/min）					

5. 能耗制动。

能耗制动接线图如图 2-2 所示。在电枢回路串联一启动电阻 R_a，当电动机启动后

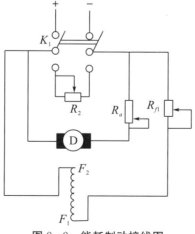

图 2-2 能耗制动接线图

把 R_a 全部切除，保持每次作能耗制动时的起始转速是一样的，待电动机转速稳定后，调节 R_2 在不同位置，将开关 K_1 从电源倒向短路侧（通过电阻 R_2 短路），观察记录不同 R_2 时的停车时间。但要注意每次启动前应将 R_a 调到最大值，启动后切除 R_a 准备作下一次能耗制动，可调节 R_{f1} 在不同位置作 3～4 次能耗制动停车时间。

五、实验报告

1. 在同一直角坐标图纸上画出下列工作特性曲线：①转速特性 $n=f(I_a)$；②转矩特性 $M=f(I_a)$；③效率特性 $\eta=f(I_a)$。

当用直流发电机作负载时，必须通过计算才能得出 M 和 η，下面简要说明计算过程。

（1）电枢回路总电阻 $R_{a75℃}$ 由实验室给出，在抄录铭牌数据的同时注意抄录 $R_{a75℃}$ 的数值。

（2）铜损耗 $P_{Cu}=I_a^2 R_{a75℃}$。

（3）电动机空载损耗 $P_0=\dfrac{1}{2}U_N \cdot I_{a0}$，其中：$U_N$ 为电动机额定电压；I_{a0} 为电动机和发电机均有额定励磁时电动机的空载电流；$\dfrac{1}{2}$ 是因为电动机和发电机为同体积，容量转换也差不多，故可以认为空载损耗基本相等，所以电动机的空载损耗 $P_0=\dfrac{1}{2}U_N \cdot I_{a0}$。

（4）电动机输入功率 $P_1=U_N \cdot I_a$。

（5）电磁功率 $P_M=P_1-P_{Cu}$。

（6）电磁转矩 $M=\dfrac{P_M}{2\pi n} \cdot 60$。

（7）输出功率 $P_2=P_M-P_0$。

（8）电动机效率 $\eta=\dfrac{P_2}{P_1}$。

工作特性的各点计算可列表 2—5 如下。

表 2—5

测点所求量	I_a（A）实测	n（r/min）实测	P_1（W）	P_{Cu}（W）	P_M（W）	M（N·m）	P_2（W）	η（%）
1								
2								
3								
4								
5								
6								

2. 计算电动机的转速变化率，其计算公式为

$$\Delta n = \frac{n_0 - n_N}{n_N} \times 100\%$$

式中：n_0 为电动机的空载转速（即对应于 I_{a0} 时的转速）；n_N 为电动机额定负载时的转速。

3. 用同一直角坐标纸画出调速特性曲线：①$n = f(I_f)$；②$n = f(R_a)$；③$n = f(U)$。

4. 实验进行过程中，如果电动机磁场断线或电枢回路断线，那么可能发生什么现象？

5. 并励直流电动机是否会出现随负载增加（即 I_a 增大）而转速上升的现象？若有，应怎样解释和处理？

实验三　他励直流电动机机械特性的测定

一、实验目的

1. 研究他励直流电动机在各种运行状态下的机械特性。
2. 学会用直流电动机作负载求取他励直流电动机机械特性的方法。

二、预习要点

1. 何谓额定励磁？怎样确定额定励磁？
2. 何谓理想空载转速？如何达到理想空载转速？
3. 启动直流电动机之前应注意哪些问题？
4. 为防止被试电动机过流，在实验进行中应注意哪些问题？应采取什么措施？

三、实验内容

1. 测定他励直流电动机工作在电动状态时的固有机械特性。
测试条件：$U=U_N$，$\varphi=\varphi_N$，$R_1=0$。
2. 测定他励直流电动机工作在回馈制动状态时的机械特性。
测试条件：$U=U_N$，$\varphi=\varphi_N$，$R_1=0$。
3. 测定他励直流电动机工作在能耗制动状态时的机械特性。
测试条件：$U=0$，$\varphi=\varphi_N$，$R_1=40\sim50\ \Omega$。
4. 测定他励直流电动机工作在反接制动状态时的机械特性。
测试条件：$U=0$，$\varphi=\varphi_N$，$R_1=60\sim80\ \Omega$。
5. 在电动机空载时，观察比较能耗与电枢反接两者的制动效果。

四、实验原理

在实验室中欲测定直流电动机 D 工作在各种运动状态下的机械特性，最方便的方法是采用一台直流电机 F 作为被试电动机的负载（此直流电动机叫作负载电机）。实验在各稳定状态下测定。

直流电力拖动系统在稳定时有

$$M_D=M_F$$

而
$$M_D=C_M\varphi_D I_{aD}, \quad M_F=C_M\varphi_D I_{aF}$$

由此可见，欲改变被试电动机电磁转矩 M_D 的大小，只需改变负载电机电磁转矩 M_F 的大小就行了，而 M_F 的大小取决于负载电机电枢回路电阻 R_2 和励磁回路电阻 R_{f2}。若调节 R_2 或 R_{f2} 的大小，便可方便地改变 M_F 的大小，在稳态时也就改变了被试电动机 M_D 的大小。不同的 M_D 便得到对应于不同转速下的稳定运行点，从而测定出被试电动机的机械特性。

如果在整个过程中保持 $\varphi_D = \varphi_{DN} = $ 恒值，则 $M_D \propto I_{aD}$，于是 $n = f(M_D)$ 的关系便可由 $n = f(I_{aD})$ 的关系来代替，因此在实验过程中测量 I_{aD} 比测量 M_D 更方便。

五、实验线路及操作步骤

1. 测定运行在电动状态下的固有机械特性。

实验接线图如图 3-1 所示。首先确定机组转向，将 R_1 和 R_2 放在最大位置，R_{f1} 和 R_{f2} 放在最小位置，合上电源开关 K_1，再将开关 K_2 投向电源侧，观察被试电动机 D 的转向，待 D 的转向确定后，断开开关 K_2，使被试电动机停机。然后将开关 K_3 投向电源侧，确定负载电机 F 的转向，如果 D 和 F 的旋转方向一致，表示机组旋转方向正确，断开开关 K_3，并将 R_{f2} 调回到较大位置。

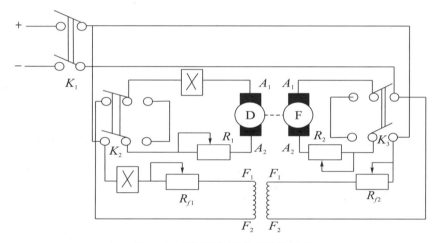

图 3-1 机械特性测定实验接线图

重新启动被试电动机 D，当其转起来后，先将 R_1 全部切除，再调节 R_{f1} 使被试电动机转速达到额定转速左右，将负载电机一侧开关 K_3 投向短接一侧，调节 R_{f2} 和 R_2 给被试电动机加负载，在调节负载过程中同时调节 R_{f1} 使转速额定，当同时调到 $n = n_N$，$I_{aD} = I_{aN}$ 时，此点即为额定运行点，此时 $I_{f1} = I_{fN}$ 叫作额定励磁电流。保持 $I_{f1} = I_{fN}$ 不变，调节 R_2 和 R_{f2}，使 I_{aD} 逐步减小，读取相应的 I_{aD} 和 n，在 $I_{aD} = I_a \sim I_{a0}$ 之间读取 5～6 组数据记录于表 3-1 中。

表 3-1

$U = U_N$ $R_1 = 0$ $I_f = I_{fN} = $ A

I_{aD}（A）					
n（r/min）					

2. 测定运行在回馈制动状态下的机械特性。

实验接线图如图 3-1 所示。

确定理想空载点：不停机，将负载电动机开关 K_3 投向电源侧，先将 R_2 全部切除，再调节 R_{f2} 使负载电机（电动运行）弱磁升速，这时被试电动机 I_{a0} 进一步减小，直到 $I_{aD}=0$ 为止，此时对应的转速即为理想空载转速 n_0，记下该组数据。

如果再调节 R_{f2} 使 R_{f2} 增大，I_{f2} 减小，则 $n>n_0$，被试电动机电枢电流 I_{aD} 反向，此时被试电动机进入回馈发电状态运行，在 $n_N<n<2000$ r/min 的范围内测取 5～6 组数据记录于表 3-2 中。

表 3-2

$U=U_N$ $I_f=I_{fN}=$ A

I_{aD}（A）					
n（r/min）					

3. 测定运行在能耗制动状态下的机械特性。

实验接线图如图 3-1 所示。

调节负载电机励磁，使 R_{f2} 减小，I_{f2} 增大，这时机组转速下降，使被试电动机由"回馈"状态返回到"电动"状态运行。然后将被试电动机电枢回路外接电阻 R_1 调节到 40～50 Ω 范围内，接着切除被试电动机电源，将开关 K_2 投向短接位置，此时被试电动机进入能耗制动状态。

调节负载电机的 R_{f2} 或 R_2，以获得不同稳定运行点，读取 I_{aD} 和 n，测取 5～6 组数据记录于表 3-3 中（注：有条件时，可从转速 $n=0$ 开始测定）。

表 3-3

$U=0$ $I_f=I_{fN}=$ A

I_{aD}（A）					
n（r/min）					

4. 测定运行在反接制动状态下的机械特性。

实验接线图如图 3-1 所示。

能耗制动实验完后，拉开电源开关 K_1 及 K_2、K_3 停机。改变负载电机 F 的旋转方向，使其与被试电动机 D 的转向相反，再停机。先启动被试电动机空载运行，并将其电枢回路电阻 R_1（60～80 Ω）全部接入。然后启动负载电机，此时应注意将 R_2 全部接入，R_{f2} 放在较大位置。这样被试电动机在负载电机反向电磁转矩作用下转速不断下降，调节负载电机的 R_2 和 R_{f2}，使机组转速 $n=0$（堵转），读取堵转点电流 I_{aD}，并注意使 $I_{aD}<I_{aN}$ 才行（如 $I_{aD}\geqslant I_{aN}$ 应怎样调节），不然继续往下做时被试电动机会过载。然后继续调节 R_{f2}（电阻增大）或 R_2（电阻减小），此时被试电动机转速反向，在不同稳定运行点读取 5～6 组数据记录于表 3-4 中。

表 3－4

I_{aD} （A）						
n （r/min）						

5. 在电动机空载情况下，观察比较能耗和电枢反接时的制动效果。

六、实验报告

根据实验测定记录数据，用直角坐标纸作出直流电动机的下列机械特性曲线：

（1）固有机械特性。

（2）回馈制动时的机械特性。

（3）能耗制动时的机械特性。

（4）转速反向的反接制动时的机械特性。

实验四　直流电动机飞轮转矩和参数的测定

一、实验目的

1. 利用自由停车法测定折算到电动机轴上总的等效飞轮矩GD^2。
2. 测定电动机电枢绕组和励磁绕组的电磁时间常数T_a，T_L。
3. 测定直流拖动系统的机电时间常数T_m。

二、预习要点

1. 在自由停车过程中为什么要保持直流电动机励磁电流不变？
2. $n=f(t)$曲线如何测得？
3. 如何利用空载损耗曲线$P_0=f(n)$和$n=f(t)$曲线计算GD^2？
4. 如何测定电动机电枢电感？
5. 怎样测量励磁绕组的电感？

三、实验内容

1. 测定被试电动机的额定励磁电流I_{fN}.
2. 测定被试电动机的电枢绕组和励磁绕组的电阻（直流伏安法）
3. 测定电枢绕组和励磁绕组的电抗，由此算出电感（交流伏安法）。
4. 测定直流拖动系统的空载自由停车损耗曲线$P_0=f(n)$。
5. 测定自由停车过程转速随时间变化关系曲线$n=f(t)$。

四、实验线路及操作步骤

1. 测定额定励磁电流。

实验接线图如图 4-1 所示。

启动电动机并加负载，当电压$U=U_N$，$I_a=I_{aN}$，$n=n_N$时，励磁回路电流I_f为额定励磁电流（注：额定励磁电流也可由机组实验卡片给出）。

2. 测定电枢绕组和励磁绕组的电阻（直流伏安法）。

图 4-1 中，R_1放在最大位置，合上开关K_1及K_2，而励磁回路开关K_3断开，测量电枢回路电流I_a和电枢两端电压U，调节R_1，读取 3 组数据记录于表 4-1 中。

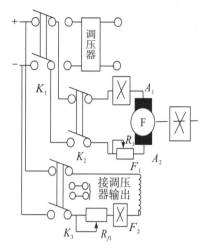

图 4-1　飞轮转矩和参数测定实验接线图

表 4-1

I_a（A）			
U（V）			
R_a（Ω）	$R_{a1}=$	$R_{a2}=$	$R_{a3}=$

$$R_a = \frac{R_{a1} + R_{a2} + R_{a3}}{3}$$

断开开关 K_2，将 R_{f1} 放在最大位置，合上开关 K_3，测量励磁电流 I_f 和 F_1，F_2 两端电压 U_L，调节 R_{f1}，读取 3 组数据记录于表 4-2 中。

表 4-2

I_f（A）			
U（V）			
r_L（Ω）	$r_{L1}=$	$r_{L2}=$	$r_{L3}=$

$$r_L = \frac{r_{L1} + r_{L2} + r_{L3}}{3}$$

3. 测定电枢绕组和励磁绕组的电抗（交流伏安法）。

图 4-1 中，开关 K_1 投向交流侧，合上开关 K_2，调节调压器输出电压，测量电枢绕组电流 I 和电枢两端电压 U，读取 3 组数据记录于表 4-3 中。

表 4-3

I（A）			
U（V）			
Z_a（Ω）	$Z_{a1}=$	$Z_{a2}=$	$Z_{a3}=$

$$Z_a = \frac{Z_{a1} + Z_{a2} + Z_{a3}}{3}$$

断开开关 K_2，将 K_3 投向交流调压器输出侧，调节加在励磁绕组两端的电压，测量励磁回路电流 I_L 和 F_1，F_2 两端电压 U_L，读取 3 组数据记录于表 4-4 中。

表 4-4

I_L (A)			
U_L (V)			
Z_L (Ω)	$Z_{L1} =$	$Z_{L2} =$	$Z_{L3} =$

$$Z_L = \frac{Z_{L1} + Z_{L2} + Z_{L3}}{3}$$

电枢绕组和励磁绕组的电感按下式计算：

电枢绕组电感：
$$L_a = \frac{\sqrt{Z_a^2 - R_a^2}}{2\pi f}$$

励磁绕组电感：
$$L_L = \frac{\sqrt{Z_L^2 - r_L^2}}{2\pi f}$$

4. 测定空载自由停车损耗曲线 $P_0 = f(n)$。

按图 4-1 接线，被试电动机空载，开关 K_1 和 K_3 合向直流电源侧，R_1 放在最大位置，R_{f1} 放在最小位置，合上开关启动电动机，调节 R_{f1} 使励磁电流达到额定励磁电流 I_{fN} 并保持不变，调节 R_1 使电机有不同转速，读取相应的转速 n、电枢电压 U 和电枢电流 I_{a0} 记录于表 4-5 中。

表 4-5

$I = I_{fN} = $ ___ A

n (r/min)					
I_{a0} (A)					
U (V)					

$$P_0 = U \cdot I_{a0}$$

5. 测定自由停车时间曲线 $n = f(t)$。

实验接线图如图 4-1 所示。电动机空载加额定励磁电流，调节 R_1 使电动机有不同转速 n，断开开关 K_2，使电动机自由停车，读取不同转速下的自由停车时间 t 记录于表 4-6 中。

表 4-6

n (r/min)					
t (s)					

五、实验报告

1. 根据实验测定数据计算出电动机平均电枢电阻 R_a 和电感 L_a 以及励磁绕组平均

电阻 r_L 和电感 L_L。

2. 利用曲线 $n=f(t)$，$P_0=f(t)$ 分别计算系统飞轮矩 GD^2，并将两种方法算出的 GD^2 进行比较。

3. 计算电动机的机电时间常数：$T_m=\dfrac{GD^2R}{375\,C_e\,C_m\,\varphi^2}$。

4. 计算电枢及励磁绕组的电磁时间常数：$T_a=\dfrac{L_a}{R_a}$，$T_L=\dfrac{L_L}{r_L}$。

5. 求系统飞轮矩 GD^2 的说明：

（1）由实验数据画出 $n=f(t)$ 曲线，根据自由停车时转矩平衡方程，由曲线 $n=f(t)$ 按切断法求某一点的 $\Delta n/\Delta t$，计算出 GD^2，如图 $4-2$ 所示。

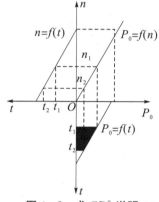

图 $4-2$　求 GD^2 说明

（2）由实验数据画出 $P_0=f(n)$ 曲线，根据 $P_0=f(n)$ 和 $n=f(t)$ 曲线求出 $P_0=f(t)$ 曲线。再根据能量守恒，由曲线 $P_0=f(t)$ 与坐标轴包围的面积计算 GD^2，如图 $4-2$ 所示。GD^2 计算式推导如下：电动机拖动系统自由停车过程中消耗的能量（即自由停车空载损耗）应由系统原储存动能释放来补偿，当系统转速由 n_1 降至 n_2 时，系统释放的动能为

$$\Delta A_1=\frac{1}{2}\cdot J(\omega_1^2-\omega_2^2)=\frac{1}{2}\cdot\frac{GD^2}{4g}\left[\left(\frac{2\pi n_1}{60}\right)^2-\left(\frac{2\pi n_2}{60}\right)^2\right]=\frac{GD^2}{7200}(n_1^2-n_2^2)$$

然而相对应的时间 t_1 变到 t_2 时，系统空载损耗为

$$\Delta A_2=\int_{t_1}^{t_2}P_0\mathrm{d}t$$

由 $\Delta A_1=\Delta A_2$，则

$$\frac{GD^2}{7200}(n_1^2-n_2^2)=\int_{t_1}^{t_2}P_0\mathrm{d}t$$

利用图 $4-2$ 中所示阴影部分面积 $S=\int_{t_1}^{t_2}P_0\mathrm{d}t$ 便可求得 GD^2 为

$$GD^2=7200\cdot\frac{S\cdot\mu_t\cdot\mu_{P_0}}{n_1^2-n_2^2}$$

式中：μ_t 和 μ_{P_0} 分别表示绘图时选取的时间坐标比例尺（s/mm）和空载损耗坐标比例尺（W/mm）。

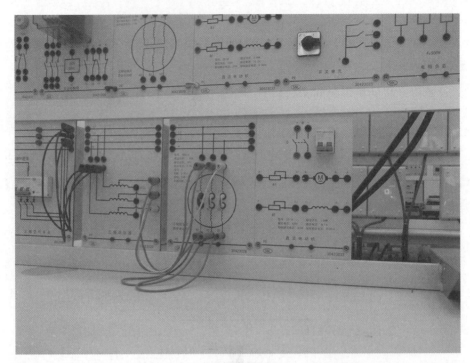

变压器面板

变压器实物

实验五　三相变压器相对极性和联接级别测定

一、实验目的

1. 学会并掌握用实验测定三相组式变压器各相原、副绕组相对极性的方法。
2. 学会用实验方法确定并校核三相变压器联接组别的方法。
3. 研究三相变压器的三次谐波电势。

二、预习要点

1. 如何把 Y/Y—12 联接组改成 Y/Y—6 联接组？如何把 Y/△—11 联接组改成 Y/△—5 联接组？
2. 三相变压器不同铁芯结构形式与不同联接方式对空载相电势有什么影响？

三、实验内容

1. 测定三相组式变压器各相原、副绕组的相对极性。
2. 把三相变压器联接成 Y/Y—12 和 Y/Y—6，并校核之。
3. 把三相变压器联接成 Y/△—11 和 Y/△—5，并校核之。
4. 将三相组式变压器联接成 Y/Y—12 和 Y_0/Y—12，测量其原、副绕组相电压与线电压的关系，以研究三次谐波电势。
5. 将三相组式变压器接成 Y/△—11，副边三角形先不合口，测量原边相电压与线电压的关系，并测量副边三角形的开口电压。
6. 用示波器观察三相组式变压器联接成 Y/Y—12，Y_0/Y—12，Y/△—11 的空载相电势波形和 Y/△—11 副边三角形的开口电势波形以及三相芯式变压器 Y/Y—12 的相电势波形。

四、实验线路及操作步骤

1. 测定三相组式变压器各相原、副绕组的相对极性。

实验接线图如图 5−1 所示。将原、副绕组接成星形，并将 Z, z 两点用导线联接，原边通过开关 K 接到 380 V 交流电源上，用电压表测量以下电压，记入表 5−1 中。

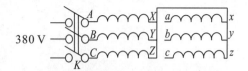

图 5-1 三相变压器原、副绕组相对极性测定

表 5-1 单位：V

$U_{AX}=$	$U_{ax}=$	$U_{Aa}=$
$U_{BY}=$	$U_{by}=$	$U_{Bb}=$
$U_{CZ}=$	$U_{cz}=$	$U_{Cc}=$

若 $U_{Aa}=U_{AX}-U_{ax}$，则 A，a 为同极性端；若 $U_{Aa}=U_{AX}+U_{ax}$，则 A，a 为异极性端。同理可判定 B，C 两相的相对极性。

2. 测定并校核 Y/Y—12 联接组。

实验接线图如图 5-2（a）所示。将 A，a 两点用导线联接，在原边通过开关 K 接到 380 V 交流电源上，用电压表测量 U_{AB}，U_{ab}，U_{Bb}，U_{Cc}，U_{Bc}。

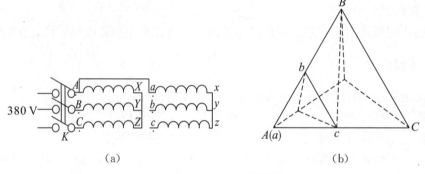

（a） （b）

图 5-2 Y/Y—12 接线图

由图 5-2（b）所示的几何关系可知，Y/Y—12 的校核公式为

$$U_{Bb}=U_{Cc}=(K-1)U_{ab}, \quad U_{Bc}=U_{ab}\sqrt{K^2-K+1}, \quad \frac{U_{Bc}}{U_{Bb}}>1$$

其中，线压比 $K=\dfrac{U_{AB}}{U_{ab}}$。

将实测值与校核值记入表 5-2 中。

表 5-2 单位：V

实测值					校核值		
U_{AB}	U_{ab}	U_{Bb}	U_{Cc}	U_{Bc}	U_{Bb}	U_{Cc}	U_{Bc}

若实测电压值 U_{Bb}，U_{Cc}，U_{Bc} 与校核值相同，则为 Y/Y—12 联接组。由于测量读数的误差，计算出来的校核值与实测值有较小误差是允许的。

3. 测定并校核 Y/Y—6 联接组。

实验接线图如图 5-3（a）所示。将前面实验中的变压器副绕组的首末端标记对换，然后将 A 点与副边标记调换后的 a 点用导线联接，用同样的方法测量电压 U_{AB}，U_{ab}，U_{Bb}，U_{Cc}，U_{Bc}。

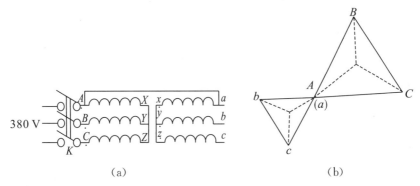

| (a) | (b) |

图 5-3 Y/Y—6 接线图

由图 5-3（b）所示的几何关系可知，Y/Y—6 的校核公式为

$$U_{Bb}=U_{Cc}=(K+1)U_{ab}, \quad U_{Bc}=U_{ab}\sqrt{K^2+K+1}, \quad \frac{U_{Bc}}{U_{Bb}}<1$$

其中，$K=\dfrac{U_{AB}}{U_{ab}}$。

将实测值与校核值记入表 5-3 中。

表 5-3 　　　　　　　　　　　　　　　　　　　　　　　　　　　　　单位：V

实测值					校核值		
U_{AB}	U_{ab}	U_{Bb}	U_{Cc}	U_{Bc}	U_{Bb}	U_{Cc}	U_{Bc}

若实测电压值 U_{Bb}，U_{Cc}，U_{Bc} 与校核值相同，则为 Y/Y—6 联接组。

4. 测定并校核 Y/△—11 联接组。

实验接线图如图 5-4（a）所示。注意联接副边三角形时先不要合口，即 c，x 不联，原边通过开关 K 接到 380 V 交流电源上，用电压表测量副边开口电压 U_{cx}，以判断三角形是否联接正确。

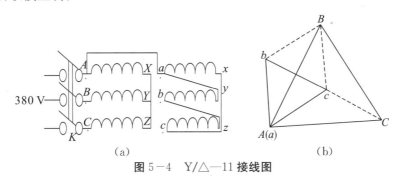

| (a) | (b) |

图 5-4 Y/△—11 接线图

如 $U_{cx} \geqslant 2U$ 相时，绝不能合口，此时说明极性有错。

如 $0 \leqslant U_{cx} < 2U$ 相时，可以合口，此时说明联接正确，所测 U_{cx} 为三次谐波电势。

将副边三角形 c，x 两点合口，在原边加上 380 V 交流电源，用电压表测量 U_{AB}，U_{ab}，U_{Bb}，U_{Cc}，U_{Bc}。

由图 5-4（b）所示的几何关系可知，Y/△—11 的校核公式为

$$U_{Bb} = U_{Cc} = U_{Bc} = U_{ab} \sqrt{K^2 - \sqrt{3}K + 1}, \quad \frac{U_{Bc}}{U_{Bb}} = 1$$

其中，$K = \dfrac{U_{AB}}{U_{ab}}$。

将实测值与校核值记入表 5-4 中。

表 5-4　　　　　　　　　　　　　　　　　　　　　单位：V

实测值					校核值		
U_{AB}	U_{ab}	U_{Bb}	U_{Cc}	U_{Bc}	U_{Bb}	U_{Cc}	U_{Bc}

若实测值 U_{Bb}，U_{Cc}，U_{Bc} 与校核值相同，则证明 Y/△—11 联接正确。

5. 测定并校核 Y/△—5 联接组。

实验接线图如图 5-5（a）所示，将 Y/△—5 副边标记调换，同样按 ay，bz，cx 的顺序把副边接成三角形，把 A 和标记对换后的 a 用导线联接，原边通过开关 K 接到 380 V 交流电源上，用电压表测量 U_{AB}，U_{ab}，U_{Bb}，U_{Cc}，U_{Bc}。

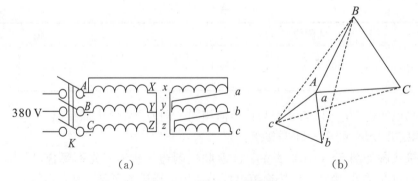

(a)　　　　　　　　　　　　　　(b)

图 5-5　Y/△—5 接线图

由 5-5（b）的几何关系可知，Y/△—5 的校核公式为

$$U_{Bb} = U_{Cc} = U_{Bc} = U_{ab} \sqrt{K^2 + \sqrt{3}K + 1}, \quad \frac{U_{Bc}}{U_{Bb}} = 1$$

其中，$K = \dfrac{U_{AB}}{U_{ab}}$。

将实测值与校核值记入表 5-5 中。

表 5—5　　　　　　　　　　　　　　　　　　　　　单位：V

实测值					校核值		
U_{AB}	U_{ab}	U_{Bb}	U_{Cc}	U_{Bc}	U_{Bb}	U_{Cc}	U_{Bc}

若实测电压值 U_{Bb}，U_{Cc}，U_{Bc} 与校核值相同，则证明 Y/△—5 联接正确。

6. 将三相组式变压器接成 Y/Y—12 [如图 5—2（a）所示]，但不联 A，a 点，在原边加额定电压（如有困难也可低于额定电压），测量原、副边线电压和相电压，然后接成 Y_0/Y—12 后再测量原、副边线电压与相电压，将测量数据记入表 5—6 中，看 U 线是否等于 $\sqrt{3}U$ 相，如不等说明原因。

表 5—6　　　　　　　　　　　　　　　　　　　　　单位：V

Y/Y—12				Y_0/Y—12			
U_{AB}	U_{AX}	U_{ab}	U_{ax}	U_{AB}	U_{AX}	U_{ab}	U_{ax}

7. 将三相组式变压器接成 Y/△—11 [如图 5—4（a）所示]，但不联 A，a 点，先将副边接成开口三角形（即 c，x 先不接在一起），原边加额定电压，测量原边线电压与相电压，并测量副边开口电压，再将副边三角形合口，然后测量原边线电压与相电压，并测量副边三角形中的回路电流 $I_\triangle$，将测量数据记入表 5—7 中，看 U 线是否等于 $\sqrt{3}U$ 相，如不等说明原因。

表 5—7

Y/△—11 副边开口			Y/△—11 副边合口		
U_{AB}（V）	U_{AX}（V）	U_{cx}（V）	U_{AB}（V）	U_{AX}（V）	$I_\triangle$（A）

五、实验报告

1. 将按图 5—1 接线测相对极性的数据进行计算并加以判断，画出矢量图并说明 A，a 是同极性端或异极性端的理由。

2. 将四种联接组别按校核公式计算的结果与实测值列表进行比较，并作简要分析和得出结论。

3. 简要分析上述实验 6、7 的结果。判断说明哪种联接组相电势中有三次谐波电势存在，哪种联接组相电势中没有三次谐波电势存在。

实验六　单相变压器空载与短路实验

一、实验目的

1. 学习掌握做单相变压器空载、短路实验的方法。
2. 通过空载、短路实验，测定变压器的参数和性能。

二、预习要点

1. 通过空载、短路实验，求取变压器的参数和损耗做了哪些假定？
2. 做空载、短路实验时，各仪表应怎样接线才能减小测量误差？
3. 做空载、短路实验时，应注意哪些问题？一般电源加在哪一方比较适合？

三、实验内容

1. 变压器变比 K 的测定。
2. 做空载实验，求取空载特性曲线 $U_0 = f(I_0)$ 及额定电压时的参数 Z_m，r_m，X_m 和空载损耗 P_0。
3. 做短路实验，求取额定电流时的参数 Z_k，r_k，x_k 和短路损耗 P_k。

四、实验线路及操作步骤

1. 变压器变比 K 的测定。

实验接线图如图 6-1 所示。变压器低压绕组 ax 经调压器接电源，高压绕组 AX 开路。闭合开关 K，调节调压器使加在副绕组上的电压为该绕组额定电压的 50% 以下，测量原、副边空载电压 U_{AX} 和 U_{ax}，对应不同输入电压，测取 3 组数据记录于表 6-1 中。

表 6-1

序号	U_{AX}（V）	U_{ax}（V）	$K = \dfrac{U_{AX}}{U_{ax}}$
1			
2			
3			

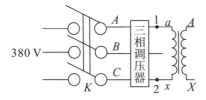

图 6-1 变比测定和空载实验接线图

2. 空载实验。

实验接线图如图 6-1 所示。低压绕组经过调压器接电源，高压绕组开路，仪表接线如图 6-2 所示。选择仪表时应该注意 ax 绕组的额定电压和额定电流，空载时由于功率因数很低，应选低功率因数瓦特表，空载电流只有额定电流的百分之几，应选低量程的电流表。为了减少测量误差，电压表应接在图 6-1 中的 1、2 位置。

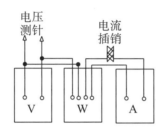

图 6-2 功率表、电压表、电流表的接法

实验步骤：将调压器手柄置于输出电压为零的位置，合上开关 K。作空载特性曲线，调节调压器输出，使加在低压绕组 ax 的电压等于 ax 绕组额定电压的 1.2 倍后开始进行测量，然后逐渐降低电压，在 $0.3U_{2N} \sim 1.2U_{2N}$ 之间测量 8～9 组数据记录于表 6-2 中，注意记下额定电压时（即 $U_0 = U_{2N}$）的电流 I_0 和功率 P_0。

表 6-2

序号	1	2	3	4	5	6	7	8	9
U_0 (V)									
I_0 (A)									
P_0 (W)									

3. 短路实验。

实验接线图如图 6-3 所示。高压绕组 AX 通过调压器接电源，低压绕组 ax 通过较粗导线短接，仪表接线如空载实验。为了减小测量误差，应将电压表测针接在图 6-3 中的 A，X 两端。同时，仪表量程的选择应注意变压器原边的额定电流，短路时功率因数较高，一般选用高功率因数瓦特表即 $\cos \varphi = 1$ 的功率表；短路电压仅有额定电压的百分之几，所以应选择低量程电压表。

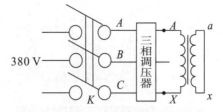

图 6-3　短路实验接线图

实验步骤：合上电源开关 K 之前，一定要将调压器手柄置于输出电压为零的位置。先将电流表、电压表、功率表接入，闭合开关 K，缓慢调节调压器，在短路电流 $I_k = 0.3I_{1N} \sim I_{1N}$ 之间均匀地测取 5~6 组数据，同时读取 I_k 对应的 U_k 和 P_k 并记录于表 6-3中。

表 6-3

I_k (A)						环温 θ（℃）
U_k (V)						
P_k (W)						

五、实验报告

1. 计算该实验变压器的变比 K。

2. 作出空载特性曲线 $U_0 = f(I_0)$，并在曲线上标出额定电压点及对应空载电流 I_0。

3. 作出短路特性曲线 $I_k = f(U_k)$，并在曲线上标出额定电流点及对应短路电压 U_k。

4. 计算额定电压时的空载参数：

$$Z'_m \approx Z_0 = \frac{U_0}{I_0}, \quad r'_m \approx r_0 = \frac{P_0}{I_0^2}, \quad X'_m \approx X_0 = \sqrt{Z_0^2 - r_0^2}$$

同时计算空载参数的标幺值 Z_m^*，r_m^*，X_m^*。计算标幺值时应注意正确选用阻抗基值。

5. 计算额定电流时的短路参数：

$$Z_k = \frac{U_k}{I_k}, \quad r_{k\theta} = \frac{P_k}{I_k^2}, \quad X_k = \sqrt{Z_k^2 - r_{k\theta}^2}$$

折算到基准工作温度75℃时的短路参数：

$$r_{k75℃} = r_{k\theta} \cdot \frac{235 + 75}{235 + \theta}, \quad Z_{k75℃} = \sqrt{r_{k75℃}^2 + X_k^2}$$

额定短路损耗为

$$P_{kN} = P_k \cdot \frac{r_{k75℃}}{r_{k\theta}}$$

同时计算短路参数的标幺值 $Z_{k75℃}^*$，$r_{k75℃}^*$，X_k^*。应注意短路实验是在高压侧做的，正确选用阻抗基值。

6. 计算短路电压百分数：

$$U_k = \frac{I_{1N} \cdot Z_{k75℃}}{U_{1N}} \times 100\% , \quad U_{kr} = \frac{I_{1N} \cdot r_{k75℃}}{U_{1N}} \times 100\% , \quad U_{kX} = \frac{I_{1N} \cdot X_k}{U_{1N}} \times 100\%$$

7. 计算 $\cos\varphi_2 = 0.8$ 滞后时的电压变化百分率：

$$\Delta U\% = U_{kr} \cos\varphi_2 + U_{kX} \sin\varphi_2$$

8. 计算 $\cos\varphi_2 = 0.8$，$\beta = 1$ 时的变压器效率：

$$\eta = (1 - \frac{P_0 + \beta^2 P_{kN}}{\beta S_N \cos\varphi_2 + P_0 + \beta^2 P_{kN}}) \times 100\%$$

9. 画出变压器 T 形等效电路，将各参数用标幺值表示并标注在等效电路中，且认为

$$r_1^* = r_2^* = \frac{1}{2} r_{k75℃}^* , \quad X_1^* = X_2^* = \frac{1}{2} X_k^*$$

实验七　三相变压器的空载及短路实验

一、实验目的

1. 用实验方法求取变压器的空载特性和短路特性。
2. 通过空载及短路实验求取变压器的参数和损耗。
3. 计算变压器的电压变化百分率和效率。
4. 掌握三相调压器的正确联接和操作。
5. 复习用两瓦特法测三相功率的方法。

二、预习要点

1. 求取变压器空载特性外施电压为何只能单方向调节？不单方向调节会出现什么问题？

2. 如何用实验方法测定三相变压器的铜、铁损耗和参数？实验过程中做了哪些假定？

3. 在空载及短路实验中，为减小测量误差，应该怎样联接电压接线？用两瓦特表法测量三相功率的原理是什么？

4. 在变压器空载及短路实验中应注意哪些问题？一般电源应接在哪边比较合适？为什么？

三、实验内容

1. 测变比 K。
2. 空载实验，测取空载特性。
$$U_0 = f(I_0)，\quad P_0 = f(U_0)，\quad \cos\varphi_0 = f(U_0)$$
3. 短路实验，测取短路特性。
$$U_k = f(I_k)，\quad P_k = f(I_k)，\quad \cos\varphi_k = f(I_k)$$

四、实验线路及操作步骤

1. 测变比 K。

按图 7-1 调压器原边接电源，副边接电流插合一端，电流插合另一端接变压器低压绕组，高压绕组开路，合上电源开关 K，调节调压器副边输出电压，使外施电压为低压绕组额定电压的一半左右（即 $U_{20} \approx 0.5U_{2N}$）。测量高低压绕组的 U_{AB}，U_{BC}，U_{CA}，

U_{ab}，U_{bc}，U_{ca} 对应不同外施电压的三组数据，并记录于表 7-1 中。

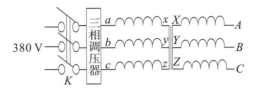

图 7-1 变比测定及空载实验接线图

表 7-1

序号	U_{AB} (V)	U_{ab} (V)	K_A	U_{BC} (V)	U_{bc} (V)	K_B	U_{AC} (V)	U_{ac} (V)	K_C	K
1										
2										
3										

表 7-1 中，变比 K 是三组数据的平均值，即

$$K = \frac{K_A + K_B + K_C}{3}$$

而

$$K_A = \frac{\dfrac{U_{AB}}{\sqrt{3}}}{\dfrac{U_{ab}}{\sqrt{3}}} = \frac{U_{AB}}{U_{ab}}$$

同理，$K_B = \dfrac{U_{BC}}{U_{bc}}$，$K_c = \dfrac{U_{AC}}{U_{ac}}$。

2. 空载实验。

实验接线图如图 7-1 所示。空载实验在低压侧进行，调压器原边接电源，副边接电流插合一端，电流插合另一端接低压侧首端 a，b，c，高压侧开路。

合上电源开关 K 之前应将调压器手柄调到输出电压为零的位置，然后闭合开关 K，将电流插销插入插盒，电压测针插在正确位置。调节调压器使输出电压为低压绕组额定电压的 1.1～1.2 倍，记下每一组数据，然后单方向逐次降低电压，每次测量低压侧空载电压、电流及功率（用两瓦法测三相功率时，其两次功率读数就是 a 相电流，ab 相电压，这是功率 P_{ab}；c 相电流，bc 相电压，这是功率 P_{bc}；b 相电流，ac 相电压，功率不计。在测量时应该注意正负，主要观察功率表指针方向。如果打反针则要将插销换个方向）。测取 7～8 组数据记录于表 7-2 中。三相总功率等于 P_{ab} 和 P_{bc} 的代数和。注意测量顺序。

表 7-2

序号	1	2	3	4	5	6	7	8
U_{ab} （V）								
U_{bc} （V）								
U_{ac} （V）								
I_a （A）								
I_b （A）								
I_c （A）								
P_{ab} （W）								
P_{bc} （W）								

3. 短路实验。

实验接线路图如图 7-2 所示。短路实验在高压侧进行，高压绕组经电流插盒和调压器接至电源，低压绕组用较粗导线直接短路。

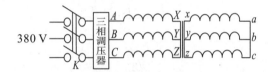

图 7-2 短路实验接线图

仪表选择原则：电流表量程大于高压边额定电流，电压表应采用低量程的，因为短路电压只有额定电压的百分之几，而功率表应选高功率因素瓦特表。为减小测量误差，电压接线应接至图中的 A，B，C 位置（即电流之后或负载端）。

合上电源之前一定要注意将调压器手柄置于零的位置。然后接入仪表，合上电源开关 K，缓慢调节调压器输出，使短路电流 I_k 达到高压绕组的额定电流 I_{1N}。在 $I_k = 0.4I_{1N} \sim I_{1N}$ 的范围内较快地测取 4~5 组数据（因短路电流较大，为避免变压器发热而烧坏，第一组应动作迅速），其测量顺序同空载顺序。三相总功率等于 P_{ab} 和 P_{bc} 的代数和，并将数据记录于表 7-3 中，同时记下室温 θ。

表 7-3

室温 $\theta =$　　℃

序号	实验测量数据							
	U_{AB} （V）	U_{BC} （V）	U_{AC} （V）	I_A （A）	I_B （A）	I_C （A）	P_{AB} （W）	P_{BC} （W）
1								
2								
3								
4								
5								

五、实验报告

1. 计算变压器的变比 K。
2. 根据空载实验数据，作出空载特性曲线。计算公式为

$$U_0 = \frac{U_{ab} + U_{bc} + U_{ac}}{3}$$

$$I_0 = \frac{I_a + I_b + I_c}{3}$$

$$P_0 = P_{ab} \pm P_{bc}$$

$$\cos\varphi_0 = \frac{P_0}{\sqrt{3}U_0 \cdot I_0}$$

将实测数据逐点计算并记录于表 7-4 中。

表 7-4

序号	计算数据			
	U_0（V）	I_0（A）	P_0（W）	$\cos\varphi_0$
1				
2				
3				

按表 7-4 中的数据用直角坐标纸绘出空载特性曲线：$U_0 = f(I_0)$，$P_0 = f(U_0)$，$\cos\varphi_0 = f(U_0)$。

3. 根据短路实验数据，作出短路特性曲线。计算公式为

$$U_k = \frac{U_{AB} + U_{BC} + U_{AC}}{3}$$

$$I_k = \frac{I_A + I_B + I_C}{3}$$

$$P_k = P_{AB} \pm P_{BC}$$

$$\cos\varphi_k = \frac{P_k}{\sqrt{3}U_k \cdot I_k}$$

将实测数据逐点计算并记录于表 7-5 中。

表 7-5

序号	计算数据			
	U_k（V）	I_k（A）	P_k（W）	$\cos\varphi_k$
1				
2				
3				

按表 7-5 中的数据用直角坐标纸绘出短路特性曲线：$U_k = f(I_k)$，$P_k = f(I_k)$，

$\cos\varphi_k = f(I_k)$。

4. 参数计算。

(1) 计算空载参数（以 $U_0 = U_{2N}$ 时的数据计算）：

$$r_m \approx r_0 = \frac{P_0}{3I_0^2}, \quad Z_m \approx Z_0 = \frac{U_0}{\sqrt{3}\,I_0}, \quad X_m = \sqrt{Z_m^2 - r_m^2}$$

标幺值（U_{2N} 和 I_{2N} 均为相值）：

$$r_m^* = r_m \cdot \frac{I_{2N}}{U_{2N}}, \quad Z_m^* = Z_m \cdot \frac{I_{2N}}{U_{2N}}, \quad X_m^* = X_m \cdot \frac{I_{2N}}{U_{2N}}$$

(2) 计算短路参数（取 $I_k = I_{1N}$ 时的数据计算）：

$$r_{k\theta} = \frac{P_k}{3I_k^2}, \quad Z_k = \frac{U_k}{\sqrt{3}\,I_k}, \quad X_k = \sqrt{Z_k^2 - r_k^2}$$

折合到基准工作温度下的短路参数：

$$r_{k75℃} = r_{k\theta} \cdot \frac{235+75}{235+\theta}, \quad Z_{k75℃} = \sqrt{r_{k75℃}^2 + X_k^2}$$

(3) 额定短路损耗：

$$P_{kN} = P_k \cdot \frac{r_{k75℃}}{r_{k\theta}}$$

标幺值（U_{1N} 和 I_{1N} 均为相值）：

$$r_k^* = r_{k75℃} \cdot \frac{I_{1N}}{U_{1N}}, \quad Z_k^* = Z_{k75℃} \cdot \frac{I_{1N}}{U_{1N}}, \quad X_k^* = X_k \cdot \frac{I_{1N}}{U_{1N}}$$

5. 画出变压器 T 形等值电路，并将各参数用标幺值标注在电路中，其中近似认为

$$r_1^* = r_2^* = \frac{1}{2}r_k^*, \quad X_1^* = X_2^* = \frac{1}{2}X_k^*$$

6. 计算短路电压百分数（U_{1N} 和 I_{1N} 均为相值）：

$$U_k = Z_{k75℃} \cdot \frac{I_{1N}}{U_{1N}} \times 100\%, \quad U_{kr} = r_{k75℃} \cdot \frac{I_{1N}}{U_{1N}} \times 100\%, \quad U_{kX} = X_k \cdot \frac{I_{1N}}{U_{1N}} \times 100\%$$

7. 计算额定负载时的电压变化率（$\cos\varphi_2 = 0.8$ 和 $\cos\varphi_2 = 1$ 时）：

$$\Delta U\% = \beta(U_{kr}\cos\varphi_2 + U_{kX}\sin\varphi_2)$$

式中：β 为负载系数，$\beta = I_k / I_N$，此时 $\beta = 1$。

8. 计算额定负载时的效率（$\cos\varphi_2 = 0.8$ 时）：

$$\eta = \left(1 - \frac{P_0 + \beta^2 P_{kN}}{\beta S_N \cos\varphi_2 + P_0 + \beta^2 P_{kN}}\right) \times 100\%$$

实验八　三相变压器不平衡负载的实验

一、实验目的

1. 研究三相组式变压器 Y/Y_0—12 联接时，带单相负载直至单相短路时变压器中性点位移的影响。

2. 观察并分析比较三相变压器不同联接组别和不同铁芯结构形式对零序阻抗的影响。

二、预习要点

1. 零序磁通是怎样产生的？在 Y/Y_0—12，Y_0/Y_0—12 和 $\triangle/Y_0$—11 联接组中起什么作用？

2. 在哪种铁芯结构形式和联接组别情况下中性点位移最严重？

3. 怎样测定变压器的零序阻抗？

三、实验内容

1. 三相组式变压器 Y/Y_0—12 联接时的单相负载实验。

2. 三相组式变压器 Y/Y_0—12 联接时的零序阻抗测定。

3. 三相组式变压器 $\triangle/Y_0$—11 联接时的零序阻抗测定。

4. 三相芯式变压器 Y/Y_0—12 联接时的零序阻抗测定。

5. 三相芯式变压器 $\triangle/Y_0$—11 联接时的零序阻抗测定。

四、实验线路及操作步骤

1. 三相组式变压器 Y/Y_0—12 联接时的单相负载实验。

实验接线图如图 8-1 所示。

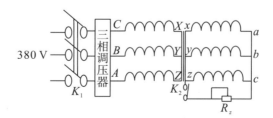

图 8-1　不平衡负载实验接线图

将三相组式变压器作 Y/Y_0—12 正确联接，以高压绕组作原边，经电流插盒和调压器电源。

开关 K_2 置于断开位置，R_z 放在最大位置，合上开关 K_1，调节调压器输出，使施加于原绕组的电压至 380 V（此时相当于对称空载情况），测量原边三相电流及相电压、线电压并记录于表 8—1 中。

闭合开关 K_2，副边开始带单相负载，保持原绕组线电压为 380 V 不变的情况下，测取 R_z 为最大值、1/2、1/4、0 四组数据并记录于表 8—1 中。

表 8—1

序号	原边									副边
	I_A (A)	I_B (A)	I_C (A)	U_A (V)	U_B (V)	U_C (V)	U_{AB} (V)	U_{BC} (V)	U_{CA} (V)	I_K (A)
1										
2										
3										
4										

2. 三相组式变压器 Y/Y_0—12 联接时的零序阻抗测定。

实验接线图如图 8—2 所示。

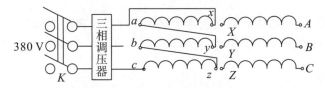

图 8—2 零序阻抗测定接线图

将低压绕组 ax，by，cz 顺向串联的调压器接电源，高压绕组 AX，BY，CZ 接成 Y 开或开路。

调节调压器 cx 两端的电压逐步升至 380 V 左右，在不同的电压下测量电流和功率。共测取 3 组数据，将电流和功率记录于表 8—2 中，最后算得零序阻抗，取三次的平均值。注意：仪表选择与变压器空载实验相同，电压测量应接在电流之前。

表 8—2

序号	U_0 (V)	I_0 (A)	P_0 (W)	Z_0 (Ω)	Z_0^*	r_0 (Ω)	r_0^*	X_0 (Ω)	X_0^*
1									
2									
3									

3. 三相组式变压器 $\triangle/Y_0$—11 联接时的零序阻抗测定。

实验接线图如图 8—2 所示，只是应将高压绕组按 AY，BZ，CX 的顺序接成三角形。此时所用仪表应与变压器短路实验相同，为了减小测量误差，电压测量应接在电流之后（即直接接在 cx 端）。合上电源开关 K 之前，一定要将调压器手柄回到输出为零的位置，然后缓慢调节调压器，使零序电流 I_0 达到低压绕组的额定电流 I_{2N} 为止，在

$I_0 = 0.5 I_{2N} \sim I_{2N}$ 范围内测取 3 组数据并记录于表 8-3 中。

表 8-3

序号	U_0（V）	I_0（A）	P_0（W）	Z_0（Ω）	Z_0^*	r_0（Ω）	r_0^*	X_0（Ω）	X_0^*
1									
2									
3									

4. 三相芯式变压器 Y/Y_0—12 联接时的零序阻抗测定。

实验接线图如图 8-2 所示，测量方式与三相组式前 2 项实验一样，只是此时的零序阻抗比组式小得多，因此在加电压时注意使电流不要超过额定值。将测量数据记录于表8-4中。

表 8-4

序号	U_0（V）	I_0（A）	P_0（W）	Z_0（Ω）	Z_0^*	r_0（Ω）	r_0^*	X_0（Ω）	X_0^*
1									
2									
3									

5. 三相芯式变压器 $\triangle/Y_0$—11 联接时的零序阻抗测定。

实验接线图如图 8-2 所示，将原绕组接成三角形，测量仪表与三相组式前 3 项实验一样，选低电压表、大电流表、高功率因素瓦特表。将测量数据记录于表 8-5 中。

表 8-5

序号	U_0（V）	I_0（A）	P_0（W）	Z_0（Ω）	Z_0^*	r_0（Ω）	r_0^*	X_0（Ω）	X_0^*
1									
2									
3									

五、实验报告

1. 利用三相组式变压器 Y/Y_0—12 联接时的单相负载短路实验时所测电压数据，选择适当比例尺（1 cm＝50 V）作原边电压矢量图，说明中性点位移现象。

2. 利用公式计算零序阻抗：

$$Z_0 = \frac{U_0}{3 I_0}, \quad r_0 = \frac{P_0}{3 I_0^2}, \quad X_0 = \sqrt{Z_0^2 - r_0^2}$$

标幺值（U_{2N} 和 I_{2N} 均为相值）：

$$Z_0^* = Z_0 \cdot \frac{I_{2N}}{U_{2N}}, \quad r_0^* = r_0 \cdot \frac{I_{2N}}{U_{2N}}, \quad X_0^* = X_0 \cdot \frac{I_{2N}}{U_{2N}}$$

将以上变压器不同联接组别和不同铁芯结构形式时的零序阻抗进行比较，观察是否与理论相符合。

实验九　单相变压器的并联运行

一、实验目的

1. 学习掌握变压器投入并联运行的条件和方法。
2. 研究变压器并联运行时的负载分配情况。

二、预习要点

1. 单相变压器并联运行的条件有哪些？
2. 如何验证两台变压器具有相同的极性？若极性不同，并联会产生什么后果？
3. 短路电压的大小对负载分配有什么影响？

三、实验内容

1. 将两台单相变压器空载投入并联运行。
2. 短路电压相同的两台单相变压器并联运行时，研究其负载分配情况。
3. 短路电压不相同的两台单相变压器并联运行时，研究其负载分配情况。

四、实验线路及操作步骤

1. 两台单相变压器空载投入并联运行。

实验接线图如图 9−1 所示。

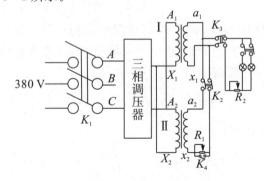

图 9−1　单相变压器并联运行接线图

　　图中 Ⅰ 和 Ⅱ 是两台相同的单相变压器，原边 A_1 与 A_2，X_1 与 X_2 并联后经调压器接至电源，副边 a_1 与 a_2，x_1 与 x_2 经开关 K_2 并联后，再经开关 K_3 接负载（为了便于负载调节，采用可变电阻与电炉作负载）。为改变第Ⅱ台变压器的短路电压，在其副边串一可变电阻（或电抗器）。但要求串入的可变电阻（或电抗器）允许通过副边额定电流。串联可变电阻（或电抗器）的两端并一短路开关 K_4，当开关 K_4 闭合时可变电阻器（或电抗器）被短接不起作用。

检查变比：投入空载并联之前，断开开关 K_2 和 K_3，闭合开关 K_4，然后合上电源开关 K_1，调节调压器输出，使外施于原边电压为绕组额定电压，测两台变压器的副边电压 $U_{a_1x_1}$ 和 $U_{a_2x_2}$。若 $U_{a_1x_1}=U_{a_2x_2}$，则两台变压器的变比相等，即 $K_Ⅰ=K_Ⅱ$。

检查极性：用电压表测量 a_1 与 a_2 端电压 $U_{a_1a_2}$，若 $U_{a_1a_2}=U_{a_1x_1}+U_{a_2x_2}$，则两台变压器的极性相反，可将任一台变压器的副绕组两端对调；若所测 $U_{a_1a_2}$ 等于零或趋近于零，则说明两台变压器极性相同。

投入并联：当检查证明两台单相变压器满足并联条件时，方可闭合开关 K_2，将两台变压器投入并联运行。若两台单相变压器的变比不是严格相等，开关 K_2 闭合后，由两台变压器副绕组构成的闭合回路内将出现环流。

2. 短路电压相同的两台单相变压器并联运行时的负载分配。

实验接线图如图 9-1 所示。

投入空载并联运行后，闭合负载开关 K_3，保持原边外施电压为额定值，逐步增加负载电流 I，每次测量负载电流 I 及两台变压器相应的输出电流 $I_Ⅰ$ 和 $I_Ⅱ$，直至任一台变压器的输出电流达到额定值为止，共测取 5～6 组数据记录于表 9-1 中。

表 9-1

I（A）					
$I_Ⅰ$（A）					
$I_Ⅱ$（A）					

3. 短路电压不相同的两台变压器并联运行时的负载分配。

实验接线图如图 9-1 所示。

在前 2 项实验数据测试完后，把负载减小，拉开适中开关 K_4，使第Ⅱ台变压器的副边串入适当电阻（或电抗）。按上面实验 2 的步骤进行。负载也只加到任一台变压器电流达到额定值为止。同样每次测量总负载电流 I 和两台变压器的输出电流 $I_Ⅰ$ 和 $I_Ⅱ$，共测取 5～6 组数据记录于表 9-2 中。

表 9-2

I（A）					
$I_Ⅰ$（A）					
$I_Ⅱ$（A）					

五、实验报告

1. 根据短路电压相同的变压器并联运行时的负载分配实验数据作负载分配曲线：

$I_I = f(I)$，即 $I_{II} = f(I)$。

2. 根据短路电压不同的变压器并联运行时的负载分配实验数据作负载分配曲线：$I_I = f(I)$，即 $I_{II} = f(I)$。

3. 分析本实验中短路电压对负载分配的影响。

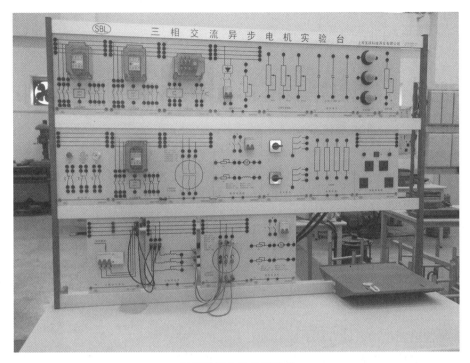

三相异步电动机实验台

三相异步电动机

实验十　三相异步电动机的启动、调速及制动

一、实验目的

1. 熟悉常用启动设备的结构特点、接线方式和操作过程。
2. 掌握三相异步电动机的调速方式、特点和接法。
3. 了解三相异步电动机的制动方法。

二、预习要点

1. 异步电动机的启动方法有哪几种？各有何优缺点？
2. 异步电动机的调速方法有哪几种？各有何优缺点？
3. 如何改变异步电动机的定子绕组极对数调速？
4. 绕线式异步电动机反制动时，为何要在转子回路内串入较大附加电阻？而能耗制动时在定子绕组端加入直流电源，其目的何在？反制动与能耗制动的共同特点是什么？

三、实验内容

1. 直接启动（全压启动）：练习磁力启动器的接线和操作。
2. 降压启动（减压启动）：Y/△启动和自耦变压器启动。
3. 绕线式异步电动机的启动和调速。
4. 改变异步电动机定子绕组极对数调速（变极调速）。
5. 异步电动机的能耗制动和反接制动。

四、实验线路及操作步骤

1. 直接启动（全压启动）。

一般情况下，几千瓦的异步电动机可直接启动。直接启动常用闸刀开关或磁力启动器。原理接线图如图 10-1 和图 10-2 所示。注意观察直接启动时的启动电流倍数。

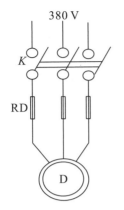

图 10－1 闸刀开关控制

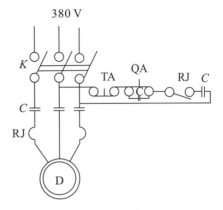

图 10－2 磁力启动器控制

2. 降压启动。

（1）Y/△降压启动。

凡正常运行时定子绕组成为三角形联接，且额定电压为 380 V 的电动机均可采用 Y/△降压启动。对于正常 Y/△接电压为 380 V/220 V 的电动机则不适用。Y/△降压启动，可用一三刀双投开关来实现其换接（也可直接用 Y/△启动器）。Y/△降压启动的原理接线图如图 10－3 所示。启动时，开关 K_2 迅速投向 Y 接一边，此时 X，Y，Z 被短接，A，B，C 加电源。当电动机启动后再将开关 K_2 迅速投向△接一边，启动过程完毕，电机正常运行在△接状态，观察 Y/△启动时的启动电流大小，并与直接启动时的启动电流作比较。

（2）自耦变压器降压启动（补偿启动器）。

自耦变压器启动接线图如图 10－4 所示。自耦变压器高压侧接电源，低压侧接电动机。自耦变压器低压侧一般有几个分接头，分接头电压可等于额定电压的 40%，60%，80% 等，以供选择不同的启动电压。在启动过程中，先将开关投向启动侧，电动机降压启动，启动后迅速将开关扳到运行挡，使电动机在额定电压下正常运行。

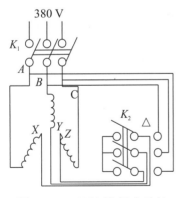

图 10－3 Y/△降压启动接线图

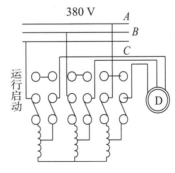

图 10－4 自耦变压器启动接线图

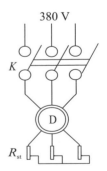

图 10－5 绕线式异步电动机启动接线图

3. 绕线式异步电动机的启动和调速。

绕线式异步电动机启动接线图如图 10-5 所示。在绕线式异步电动机的转子电路中串入附加电阻 R_{st}，电机启动时将附加电阻 R_{st} 调至最大值，然后逐渐减小 R_{st}，随 R_{st} 减小转速增加，启动完毕后将附加电阻 R_{st} 全部切除。绕线式异步电动机外串附加电阻，既可作启动电阻限制启动电流，又可接附加电阻实现调速。

4. 改变鼠笼型电动机定子绕组极对数调速（变极调速）。

为满足现代生产的不同要求，我国现在能制造两速、三速和四速的变极电动机。本实验给出两种不同接法的两速电动机接线图，如图 10-6 所示。

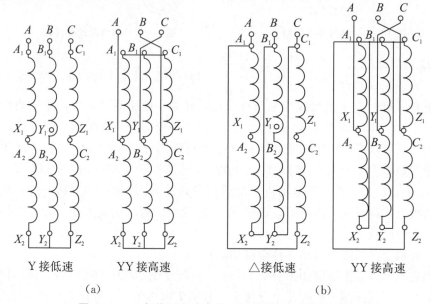

Y 接低速　　　　　YY 接高速　　　　　△接低速　　　　　YY 接高速

（a）　　　　　　　　　　　　（b）

图 10-6　三相绕组两速电动机两种不同接线变极调速

5. 异步电动机的能耗制动和反接制动。

（1）能耗制动：实验接线图如图 10-7 所示。正常运行时，合上开关 K_1，拉断开关 K_2，制动时断开 K_1，合上开关 K_2，从而产生恒定的定子磁场，这时异步电动机变成一台隐极式同步发电机，由于转子短路，产生的转子电流与定子电流磁场相互作用，产生制动力矩，它使机组储存的动能转变成电能消耗在转子电阻上。调节直流励磁的大小（实际调节图 10-7 中 R_1 的大小）或转子电阻（对绕线式），则可控制制动力矩大小，达到控制停车快慢的目的。

（2）反接制动：实验接线图如图 10-8 所示。此法只需把正在运转的电动机任何两相互换，改变其定子磁场旋转方向即可。这时由于惯性，转子仍按原转向转，转子反着定子磁场以转差率 $S>1$ 旋转，电磁转矩方向与转子转向相反，起制动作用，使转速很快停下来。

对绕线式异步电动机，为限制反接时的电流，可在转子电路中接入三相可变电阻 R_{st}，调节 R_{st} 的大小则可调节最大制动力矩产生时刻，也即调节停车快慢。同时，当转子被制动后，应立即断开电源开关 K_1，否则电动机会立即重新反向启动旋转。

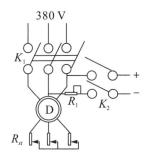
图 10-7　能耗制动接线图

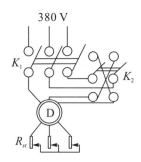
图 10-8　反接制动接线图

五、实验报告

（1）试画出三种启动线路的接线图，并总结比较各种启动方法的优缺点和适用范围。

（2）试说明能耗制动和反接制动的共同特点和适用范围。

实验十一　三相异步电动机的空载及堵转实验

一、实验目的

1. 掌握异步电动机空载和堵转的实验方法及测试技术。
2. 通过空载及堵转实验数据求取异步电动机的铁损耗和机械损耗。
3. 通过空载及堵转实验数据求取异步电动机的各参数。

二、预习要点

1. 试就下列几个方面与变压器相比较，有何相同与相异之处？
(1) 空载运行状况及转子堵转状况。
(2) 空载运行时的 $\cos\varphi_0$，I_0，P_0。
(3) 转子堵转实验时测得的 $X_k = X_1 + X_2'$。
2. 在用两瓦法测量三相功率时，在相同的接线情况下，为什么有时会出现其中一只瓦特表指针反转的现象？有的实验又没有这一现象出现？
3. 在做空载实验时，为什么要选用低功率因数的瓦特表？在做堵转实验时，为什么又要选用高功率因数的瓦特表？
4. 在做空载实验时，测得的功率主要损耗是什么？在做堵转实验时，测得的功率主要损耗是什么？

三、实验内容

1. 定子绕组直流电阻测定。
2. 做异步电动机的空载实验。
3. 做异步电动机的堵转实验。

四、实验线路及操作步骤

1. 定子绕组直流电阻测定。
对于三相异步电动机定子绕组直流电阻的测定，可用直流伏安法或直流电桥法，测量均在定子三相出线端进行。
(1) 直流伏安法：分别在定子绕组的出线端 $A—B$，$B—C$，$C—A$ 加一适当直流电压，合流过绕组的电流不大于绕组额定电流的 20%，分别将所测电压、电流数据记录于表 11-1 中。

表 11-1

A—B		线电阻	B—C		线电阻	C—A		线电阻
U（V）	I（A）	r_{AB}（Ω）	U（V）	I（A）	r_{BC}（Ω）	U（V）	I（A）	r_{CA}（Ω）

（2）直流电桥法：用双臂电桥直接测量定子绕组线电阻，每一线电阻测量三次，将数据记录于表 11-2 中。

表 11-2

室温 $\theta=$ 　　℃

r_{AB}（Ω）			r_{BC}（Ω）			r_{CA}（Ω）		
1	2	3	4	5	6	7	8	9

2. 做三相异步电动机的空载实验。

实验接线图如图 11-1 所示。

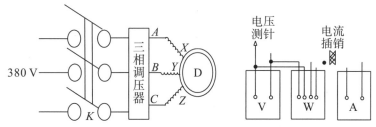

图 11-1　异步机空载实验接线图

定子三相绕组经电流插盒和调压器接到电源，注意在合闸前检查调压器调到零，然后合上开关 K，调节调压器输出，使电动机降压启动，启动后将电压调到 $1.1U_N$（约 230 V），开始读取三相线电压、线电流和三相功率，然后逐渐降低电压，在 $U_0=（0.4\sim1.1）U_N$ 范围内测取 5～6 组数据并记录于表 11-3 中。

表 11-3

序号	电压（V）			电流（A）			功率（W）		
	U_A	U_B	U_C	I_A	I_B	I_C	P_A	P_B	P_C
1									
2									
3									
4									
5									
6									

3. 做三相异步电动机的堵转实验。

实验接线图如图 11-1 所示。先使电动机转向，根据转向将转子堵住不动。调压器手柄置于输出电压为零的位置。合上电源开关 K，调节施加于定子绕组的电压，使定子电流达额定值的 1.1 倍左右（这时外施电压大约为 100 V），读取三相线电压、线电流和三相功率，在 $I_k = (0.5 \sim 1.1) I_N$ 范围内测取 5~6 组数据记录于表 11-4 中。

表 11-4

序号	电压（V）			电流（A）			功率（W）		
	U_A	U_B	U_C	I_A	I_B	I_C	P_A	P_B	P_C
1									
2									
3									
4									
5									
6									

五、实验报告

1. 定子绕组相电阻计算：

$$r_1 = \frac{1}{2} \left(\frac{r_{AB} + r_{BC} + r_{CA}}{3} \right) \quad \text{（电机 Y 接）}$$

$$r_1 = \frac{3}{2} \left(\frac{r_{AB} + r_{BC} + r_{CA}}{3} \right) \quad \text{（电机△接）}$$

折合到基准工作温度：

$$r_{170℃} = r_1 \left(\frac{235 + 75}{235 + \theta} \right)$$

式中：φ 为实验室温度，一般取 20℃。

2. 空载特性计算：

$$U_0 = \frac{U_A + U_B + U_C}{3}, \quad I_0 = \frac{I_A + I_B + I_C}{3}$$

$$P_0 = P_A + P_B + P_C, \quad P_0' = P_0 - 3 I_0^2 r_1$$

将计算数据填入表 11-5 中。

表 11-5

序号	U_0（V）	U_0/U_N	$(U_0/U_N)^2$	I_0（A）	P_0（W）	P_0'（W）	$\cos\varphi_0$
1							
2							
3							

根据表 11-5 计算数据，用直角坐标纸作下列曲线，如图 11-2 所示。

$$P_0 = f(U_0/U_N)，\quad P_0' = f(U_0/U_N)^2，\quad I_0 = f(U_0/U_N)$$

从曲线中得出额定电压时：

$P_0 = $ _____ W　　　　　　　$P_{\mathrm{Fe}} = $ _____ W

$P_{\mathrm{fw}} = $ _____ W　　　　　　$I_0 = $ _____ A

3. 空载参数计算：

$$Z_m \approx Z_0 = \frac{U_0}{\sqrt{3}\,I_0}，\quad r_m = \frac{P_{\mathrm{Fe}}}{3I_0^2}，\quad X_m = \sqrt{Z_m^2 - r_m^2}$$

4. 堵转特性计算：

$$U_k = \frac{U_A + U_B + U_C}{3}，\quad I_k = \frac{I_A + I_B + I_c}{3}，\quad P_0 = P_A + P_B + P_C$$

作 $U_k = f(I_k)$ 和 $P_k = f(I_k)$ 曲线，如图 11-3 所示。从曲线中得出额定电流时：

$U_k = $ _____ V　　　　　　　$P_k = $ _____ W

5. 堵转参数计算：

$$Z_k = \frac{U_k}{\sqrt{3}\,I_k}\ (\text{电机 Y 接})，\quad r_k = \frac{P_k}{2I_k^2}，\quad X_k = \sqrt{Z_k^2 - r_k^2}$$

并认为

$$r_1 = r_2' = \frac{1}{2} r_k，\quad X_1 = X_2' = \frac{1}{2} X_k$$

6. 根据求出的空载、堵转参数，作异步电动机的 T 形等效电路，并将参数标于图 11-3 中。

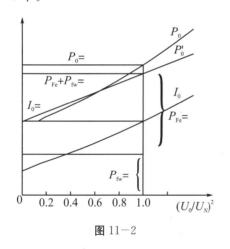

图 11-2

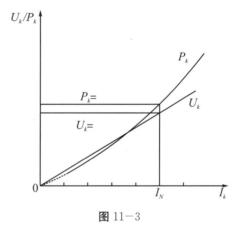

图 11-3

实验十二 三相异步电动机工作特性的测定

一、实验目的

1. 通过负载实验求取三相异步电动机的工作特性。
2. 学会用闪光测频法测定异步电动机的转差率 S。

二、预习要点

1. 求取异步电动机的工作特性有哪几种方法？
2. 异步电动机的效率和功率因数特性曲线的变化趋势怎样？为什么？
3. 在正常运行情况下，异步电动机的转差率 S 的变化范围是什么？为什么？
4. 闪光测频法的原理是什么？用闪光测频法测异步电动机的转差率有何优缺点？

三、实验内容

1. 异步电动机的转速 n 和转差率 S 的测定。
2. 在额定电压下做负载实验，由此计算出异步电动机的下列工作特性：
(1) $n=f(P_2)$ 和 $S=f(P_2)$。
(2) $M=f(P_2)$ 和 $M_2=f(P_2)$。
(3) $\eta=f(P_2)$ 和 $\cos\varphi_1=f(P_2)$。
(4) $P_1=f(P_2)$ 和 $I_1=f(P_2)$。

四、实验线路及操作步骤

1. 异步电动机转速或转差率测定。
(1) 转速表法：用转速表简单、方便，但精度差，转差较小时很难测准，特别是机械式转速表。转速表法测转速只适用于转差率较大的电动机或在重载情况下使用。
(2) 闪光测频法：闪光测频法比较方便，准确度比较高，但当转差率比较大时扇形片转动快，人的视觉跟不上，也会使测量发生困难，所以只适用于转差率较小的电动机或在轻载情况下使用。

闪光测频法的原理简单说明如下：首先在被测电动机轴的端面画出一定数目的扇形片（两极电动机画两片，四极电动机画四片，总之电机是多少极就画多少片），如图 12－1 所示。同时用日光灯作闪光源来照射已被旋转的扇形片，日光灯和电动机供电电源的频率为 50 Hz。当观察到扇形片在空间相对不动时，则电动机的转速为

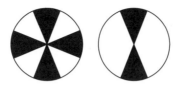

图 12—1

$$n = n_0 = \frac{60 f_1}{P}$$

式中：f_1 为电源频率；P 为电动机极对数；n_0 为同步转速。

若观察到扇形片逆着旋转方向移动，则电动机的转差率 S 由扇形片移动的圈数 N 及相应的时间 t 决定。转差率按下式计算：

$$S = \frac{P \cdot N}{t \cdot f_1} \times 100\%$$

式中：N 为在时间 t s 内扇形片移动的圈数；t 为扇形片移动 N 圈所需时间（s）；f_1 为电动机电源频率（Hz），一般取 50 Hz；P 为电动机极对数。

例如，日光灯供电电源频率为 25 Hz（50 Hz 经二极管半波整流供电），则轴端扇形片数目少画一半，即两极电动机画一片、四极电动机画两片等，计算转差率 S 的公式不变。

2. 做异步电动机负载实验。

实验接线图如图 12—2 所示。定子三相绕组经调压器，电流插合接至电源，与异步电动机同轴联接一台并励直流发电机作被试电动机的负载。

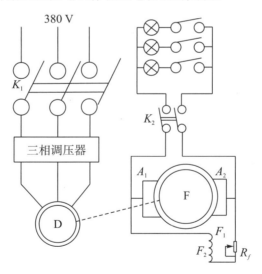

图 12—2　异步电动机负载实验接线图

合上电源开关 K_1，在合闸前注意检查调压器调零。调节调压器输出，降压启动电动机，转速稳定后将电压调到电动机额定值。合上负载开关 K_2，调节直流发电机励磁回路电阻 R_f，使直流发电机带上负载，同轴电动机定子电流 I_1 跟着增大。在实验过程中始终保持电动机外施电压为额定值不变，在 $I_1 =（0.5\sim1.1）I_N$ 范围内测取 5～6 组数据，每次读取三相线电压、线电流、三相功率和电动机转速 n 或转差率 S 并记录于表 12-1 中。

表 12-1

序号	电压（V）				电流（A）				功率（W）				n	N	t
	U_A	U_B	U_C	U_1	I_A	I_B	I_C	I_1	P_A	P_B	P_C	P_1			
1															
2															
3															
4															
5															
6															

五、实验报告

根据本实验和实验十一的数据计算工作特性：

1. 铁损耗：$P_{Fe}=$ ＿＿＿ W（由实验十一求得）。

2. 机械损耗：$P_{fw}=$ ＿＿＿ W（由实验十一求得）。

3. 相电阻：r_1（75℃）＝ ＿＿＿ Ω（由实验十一求得）。

4. 转差率：

$$S=\frac{n_0-n}{n_0}\times100\% \text{ 或 } S=\frac{P\cdot N}{t\cdot f_1}\times100\%$$

5. 电磁功率：

$$P_M=P_1-3I_1^2r_1-P_{Fe}$$

6. 电磁转矩：

$$M=\frac{P_M}{\Omega}=\frac{9550P_M}{n_0}$$

7. 总机械功率（内生机械功率）：

$$P_\Omega=（1-S）P_M$$

8. 轴上输出机械功率：

$$P_2=P_\Omega-P_{fw}$$

9. 输出转矩：

$$M_2=\frac{P_2}{\Omega}=\frac{9550P_2}{n}$$

式中：P_2 的单位为千瓦；n 为不同负载时的实际转速。

10. 功率因数：

$$\cos\varphi_1=\frac{P_1}{\sqrt{3}U_1\cdot I_1}$$

11. 效率：

$$\eta = \frac{P_2}{P_1} \times 100\%$$

将以上各计算量填入表 $12-2$ 中。

表 $12-2$

序号	P_1	I_1	$3I_1^2 r_1$	P_M	M	P_2	M_2	$\cos\varphi_1$	η	S
1										
2										
3										

根据表列各值，用直角坐标纸绘出下列工作曲线（见图 $12-3$）：

$I_1 = f(P_2)$，$M = f(P_2)$，$M_2 = f(P_2)$，$\eta = f(P_2)$，$\cos\varphi_1 = f(P_2)$，$S = f(P_2)$

由所绘工作特性求得额定负载时的相关数据如下：

$I_1 = \qquad$ A $\qquad S = \qquad$ % $\qquad M = \qquad$ N·m

$M_2 = \qquad$ N·m $\qquad \cos\varphi_1 = \qquad$ $\qquad \eta = \qquad$ %

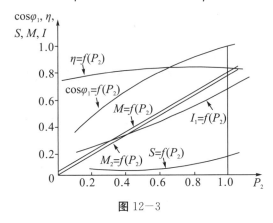

图 $12-3$

实验十三　绕线式异步电动机机械特性的测定

一、实验目的

1. 学会用实验求取机械特性的方法和技术。
2. 学会求取绕线式异步电动机在各种运转状态下的机械特性。

二、预习要点

1. 何谓绕线式异步电动机的机械特性？

2. 测取异步电动机机械特性时应读取哪些数据？如何根据这些数据做出各种运转状态下的机械特性？

3. 为什么不能在电动机定子出线端施加额定电压下做实验，而只加 1/3 或 1/4 额定电压？在此电压下所测数据，要计算出额定电压下的机械特性应如何处理？

4. 当异步电动机运行在反接制动状态而转差率 S 较大时，若定子电流未过载，是否说明转子电流也不会过载？

5. 在启动、制动和调节负载时，如何保证被试电动机的冲击电流不致太大？

三、实验内容

1. 在 $U_1 = \frac{1}{4}U_N = 95$ V，$R_{st} = 0$ 的条件下，测取电动运转状态下的机械特性。

2. 在 $U_1 = \frac{1}{4}U_N = 95$ V，$R_{st} = 0$ 的条件下，测取回馈制动状态下的机械特性。

3. 在 $U_1 = \frac{1}{4}U_N = 95$ V，$R_{st} \approx 4$ Ω 的条件下，测取反馈制动状态下的机械特性。

4. 观察不同直流励磁和不同 R_{st} 时的能耗制动效果。

四、实验原理说明

1. 求取电磁转矩 M。

为了获得异步电动机机械特性 $n = f(M)$ 曲线，采用下式计算出电磁转矩：

$$M = 9.55 \frac{P_1 - 3I_1^2 r_1 - P_{Fe}}{n_0}$$

式中：P_1 为对应于某一负载转速下定子端输入有功功率（W）；I_1 为对应于某一负载时的定子电流（A）；n_0 为被试异步电动机的同步转速（r/min）；P_{Fe} 为被试异步电动机

铁损耗（忽略不计，因实验只加 1/4 额定电压）。

2. 定子实验电压大小。

为了测出完整的机械特性所需的实验数据，当电动机在低速或反馈制动状态下运行时，为防止定、转子电流过大，在整个实验过程中须将定子端电压降至 $\frac{1}{4}U_N = 95$ V 下进行。但在绘制机械特性曲线时，必须把电磁转矩 M 换算到额定电压 U_N 时的转矩值，换算关系 $M \propto U^2$。

五、实验线路及操作步骤

1. 测取电动运转状态下的机械特性。

实验接线图如图 13-1 所示。

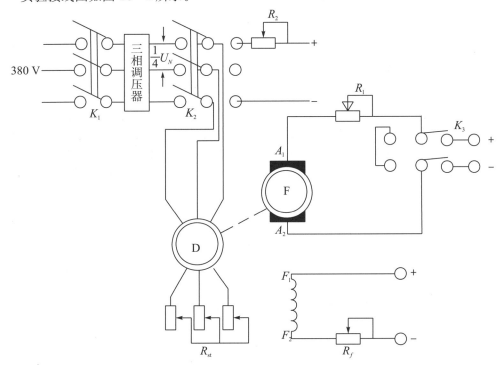

图 13-1 绕线式异步电动机机械特性测定接线图

被试异步电动机与一台直流电机（负载电机）同轴联接，被试电动机定子三相绕组经开关 K_2 和调压器接至电源。

先确定被试异步电动机的旋转方向，使二者转向一致（为回馈制动做好准备）。

转子回路所串附加电阻 R_{st} 先放在最大位置，开关 K_2 投向调压器输出侧，合上电源开关 K_1，调节调压器手柄，逐步给定子三相绕组加电压，空载启动被试电动机，启动后全部切除 R_{st}（即 $R_{st}=0$），调节输出电压为 $\frac{1}{4}U_N = 95$ V 不变，此点数据为空载点。然后将负载电机 R_1 和 R_f 放在最大位置，开关 K_3 投向短接一侧，使被试电动机开始带负载，调节 R_1 和 R_f 便可调节被试电动机负载大小，在被试电动机转速 $n = 0 \sim$

n_0' 的范围内测取 4~5 组数据，每次测量三相电流、三相功率（两瓦法）和相应转速记录于表 13-1 中。

表 13-1

$U_1 = 95$ V $R_{st} = 0$ $r_1 =$ Ω

序号	电流（A）				功率（W）			铜损耗	电磁功率	转矩	转速
	I_A	I_B	I_C	I_1	P_{AB}	P_{BC}	P_1	$3I_1^2 r_1$	P_M	M	n
1											
2											
3											
4											
5											

2. 测取回馈制动状态下的机械特性。

上面一项实验完成后不停机，断开开关 K_3，先把 R_1 放在最大位置，R_f 放在最小位置，再将开关 K_3 投向直流电源侧，此时负载电机作电动机运行，启动后先切除 R_1，再调节 R_f（弱磁升速），使机组转速达到同步转速（即 $n = n_0$），记下此同步点数据（注意功率表指针位置变化，即极性改变）。继续调节 R_f 升速，被试电动机进入回馈发电状态，在 $n = n_0 \sim 1700$ r/min 的范围内测取 4~5 组数据，每次测量三相电流、三相功率和相应转速并记录于表 13-2 中。

表 13-2

$U = 95$ V $R_{st} = 0$ $r_1 =$ Ω

序号	电流（A）				功率（W）			铜损耗	电磁功率	转矩	转速
	I_A	I_B	I_C	I_1	P_{AB}	P_{BC}	P_1	$3I_1^2 r_1$	P_M	M	n
1											
2											
3											
4											
5											

3. 测取反馈制动状态下的机械特性。

在不停机的状态下断开开关 K_3，把 R_1 和 R_f 均放在较大位置，R_{st} 调到 4 Ω 左右。改变负载电机极性（调换电枢或磁场），再将开关 K_3 投向直流电源侧，使负载电机工作在反向电动状态（而被试电动机先运行在电动状态）。调节 R_1 和 R_f 使机组转速逐渐降低至堵转（$n = 0$），记下堵转点数据，继续调节 R_f 使被试电动机转速反向，进入反馈制动状态下运行，在 $I_1 \leqslant I_N$ 范围内测取 4~5 组数据记录于表 13-3 中。

表 13－3

$U=95$ V　$R_{st}=4$ Ω　$r_1=$ 　Ω

序号	电流（A）				功率（W）			铜损耗	电磁功率	转矩	转速
	I_A	I_B	I_C	I_1	P_{AB}	P_{BC}	P_1	$3I_1^2 r_1$	P_M	M	n
1											
2											
3											
4											
5											

4．观察不同直流励磁和不同附加电阻时的能耗制动效果。

（1）观察附加电阻 $R_{st}=0$，不同直流励磁时的能耗制动效果。

断开开关 K_3，将 R_{st} 全部切除，R_2 调在不同位置，把开关 K_2 迅速从电动运行侧倒向直流电源侧，观察不同 R_2 时的停车时间快慢。

（2）观察直流励磁一定，不同附加电阻时的能耗制动效果。调节 R_2 使励磁电流 $I=\dfrac{1}{2}I_N$ 不动，调节附加电阻 R_{st} 的大小，观察不同 R_{st} 时的停车时间。

六、实验报告

1．根据实验测定数据，计算在各种运行状态下各转速 n 对应的电磁转矩 M，并用直角坐标纸绘出各象限的机械特性曲线。

2．对本实验进行的方式及内容做出自己的分析判断，并指出实验中存在的问题和改进意见。

实验十四　三相异步发电机实验

一、实验目的

1. 研究三相异步发电机的自励条件。
2. 测定三相异步发电机的工作特性。
3. 了解三相异步发电机运行中应注意的几个问题。

二、预习要点

1. 三相异步发电机有哪两种运行方式？每种运行方式的励磁怎样获得？
2. 自励异步发电机在空载和负载两种情况下，定子绕组所需电容量怎样计算？
3. 与小型三相同步发电机相比较，三相异步发电机有哪些优缺点？

三、实验内容

1. 三相异步发电机的自励磁。
2. 空载实验：保持 $n = n_N$，测取空载特性曲线 $U_0 = f(I_C)$；保持 $n = n_N$，测取空载电压与电容的关系曲线 $U_0 = f(C)$。
3. 测取电容不变时空载电压与转速（或频率）的关系，即保持电容 $C =$ 常数，测取 $U_0 = f(n)$ ［或 $U_0 = f(f)$］曲线。
4. 测取空载电压不变时频率与电容的关系，即保持电压 $U_0 =$ 常数，测取 $C = f(f)$ 曲线。
5. 负载实验：保持 $n = n_N$，电容 $C =$ 常数，$\cos\varphi = 1$，测取负载特性曲线 $U = f(I)$。

四、实验原理

三相异步电机主要作为电动机运行，但也可以作为发电机运行。三相异步电机与电网并联，当其转速大于同步转速（$n > n_0$）时，即处于发电机运行状态，从电网吸取感性电流励磁。这对于研究异步电机的不同运行方式与可逆原理是很有意义的。而本实验则专门研究三相异步电动机在定子绕组上并联三相静电电容器作为自励异步发电机应用的原理、特性及运行问题。

五、实验线路及操作步骤

1. 三相异步发电机的自励磁。

三相自励异步发电机的实验接线图如图 14-1 所示。

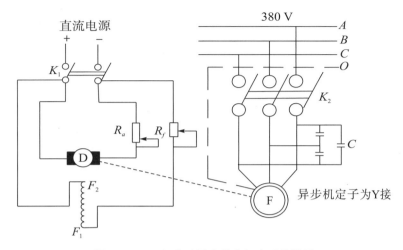

图 14-1 三相自动异步发电机实验接线图

同步发电机通常以专门励磁机或可控硅整流装置供给转子直流励磁。而异步发电机可以在定子绕组上接电容器，以电容电流励磁，称为自励磁。

自励磁过程：转子上应有剩磁 φ_{ocm}，当转子由原动机拖着旋转时，φ_{ocm} 切割定子绕组，在定子绕组感应电势 E_{ocm}（滞后 φ_{ocm} 90°），于是在定子绕组与电容器构成的回路中有电流 I_C 流通，绕组中电流 I_C 超前于 E_{ocm} 90°，即 I_C 与 φ_{ocm} 同向，产生磁通 φ_0 使磁场增强，于是定子绕组感应电势 E 继续增长，直至稳定运行于空载特性与容抗线的交点 A 为止，建立起稳定电压，如图 14-2 和图 14-3 所示。

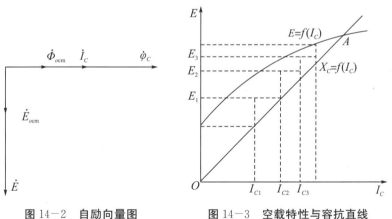

图 14-2 自励向量图　　图 14-3 空载特性与容抗直线

2. 空载实验。

保持 $n = n_N$，测取空载特性曲线 $U_0 = f(I_C)$ 和空载电压与电容的关系曲线 $U_0 = f(I_C)$。

实验接线图如图 14-1 所示。断开开关 K_2，合上开关 K_1 启动原动机，调节原动机 R_a 与 R_f 保持异步发电机转速为额定值不变，调节定子绕组所接电容器 C，即调节电容电流 I_C，读取空载线电压、线电流和电容量 C，共测取 5~6 组数据记录于表 14-1 中。

表 14-1

$n = n_N = \quad$ r/min

序号	线电压	标幺值	线电流	标幺值	电容
	U_0 (V)	U_0^*	I_0 (A)	I_0^*	C (μF)
1					
2					
3					
4					
5					
6					

根据空载实验数据可作出空载特性曲线 $U_0 = f(I_C)$，如图 14-4 所示。图中，α_1 为临界电容角，当 $\alpha_c > \alpha_1$ 时不能自励，即建立不起稳定电压，只有当 $\alpha_c < \alpha_1$ 时才能自励，并有某一稳定励磁电压。图中 $C_1 < C_2 < C_3$。

根据空载实验数据，还可作出空载电压与电容的关系曲线 $U_0 = f(C)$，如图 14-5 所示。此曲线与空载特性 $U_0 = f(I_C)$ 相似，只有当电容量达到一定数值时，空载电压才会趋于稳定。

3. 保持电容 $C =$ 常数，测取空载电压与转速（或频率）的关系曲线 $U_0 = f(n)$ 或 $U_0 = f(f)$。

当电容 $C =$ 常数时，调节转速在一定范围内变化，其空载电压也将跟着变化，并近似于线性关系，不过要注意在超过额定转速时，应缓慢调节转速，以免过压。实验时投入能建立起稳定电压的电容量 C 保持不变，调节原动机转速，测取空载电压、转速和频率共 4～5 组数据记录于表 14-2 中。

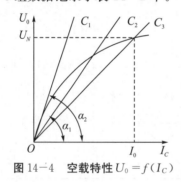

图 14-4　空载特性 $U_0 = f(I_C)$　　　图 14-5　电容特性 $U = f(C)$

表 14-2

$C =$ 常数

序号	线电压	标幺值	转速	频率	投入电容
	U_0 (V)	U_0^*	n (r/min)	f (Hz)	C (μF)
1					
2					
3					
4					
5					

根据实验数据可作出空载电压与频率的关系曲线 $U_0 = f(f)$，如图 $14-6$ 所示。图中三条曲线为投入不同电容 C_1、C_2，C_3 分别作出。

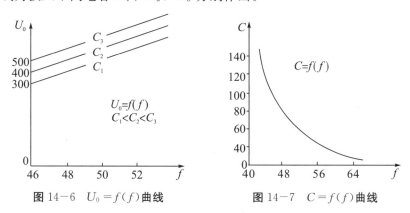

图 $14-6$　$U_0 = f(f)$ 曲线　　　图 $14-7$　$C = f(f)$ 曲线

4. 保持空载电压 U_0 ＝常数，测取电容与频率的关系曲线 $C = f(f)$。

当保持空载电压 U_0 ＝常数时，转速（或频率）低，所需电容量增大，转速（或频率）高，则所需电容量减小，其变化规律如图 $14-7$ 所示。

5. 负载实验。

保持 $n = n_N$，电容量 C ＝常数，$\cos\varphi = 1$（纯电阻负载）测取负载特性曲线 $U = f(I)$。在上述条件下测得的负载特性如图 $14-8$ 中曲线 1 所示，随着负载增加电压下降，当负载增至临界值，如继续增加负载电流反而减小，电压急剧下降，如图 $14-8$ 中曲线 1 虚线部分所示；如为带电感性负载，当负载增加时电压下降更快，如图 $14-8$ 中曲线 2 所示。由此可见，感应异步发电机主要适用带电阻性负载。如需要电感性负载，则需配更多的电容。

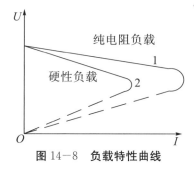

图 $14-8$　负载特性曲线

六、实验报告

1. 根据实验数据，用直角坐标纸作出三相异步发电机的下列工作特性曲线：
   $U_0 = f(I_0)$，$U_0 = f(C)$，$U_0 = f(f)$ 或 $U_0 = f(I_C)$，$U_0 = f(n)$，$U_0 = f(I)$

2. 对上述工作特性曲线作简要的分析讨论。

附 录

1. 电容器的选择。

在图 14-4 中，由空载特性曲线上可查得额定电压时的空载电流 I_0，结合图 14-9 的异步发电机简化等值电路可计算所需电容。

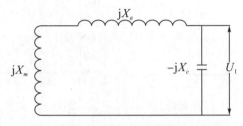

图 14-9　异步发电机简化等值电路

(1) 电容量的近似计算。

额定电压时由空载特性曲线上查得的空载电流 I_0 包含有功分量 I_{0r} 和无功分量 I_u，即

$$I_0 = I_{0r} + I_u$$

由图 14-9 得

$$I_u(X_m + X_a) = I_u X_c \tag{1}$$

式中：X_m 为励磁电抗；X_a 为漏磁电抗。

$$X_c = X_m + X_a \tag{2}$$

由式 (2) 可以求出所需的电容量，但需先测定 X_a 和 X_m，而 X_m 是变数，因此用此式不便。一般为了减少励磁用电容器的容量，在三相电机中电容器接成三角形，这种接线需要三组电容器，每组电容器的容量按下式计算：

$$C = \frac{I_u}{2\pi\sqrt{3}U_N f} \times 10^6$$

式中：U_N 为发电机额定电压 (V)；I_u 为励磁电流的无功分量，线电流 (A)；f 为频率 (周/s)。

$$I_u = I_0 \sqrt{1 - \cos\varphi_0^2}$$

$$\cos\varphi_0 \approx 0.1 \sim 0.2$$

每组电容的近似公式为

$$C = K \times \frac{I_u}{2\pi\sqrt{3}U_N f} \times 10^6$$

式中：系数 K 是经验数据，通常取 $K = 1.1 \sim 1.15$，其含义是为了避免满载时发电机端电压过于下降而取的电容量放大系数。

空载时三相所需总电容量为

$$C' = \frac{\sqrt{3}\,I_u}{314\,U_N} \times 10^6$$

（2）按实验法配制电容。

发电机空载额定电压所需无功功率按下式计算：

$$Q = 0.314 U_N^2 C' \times 10^{-6}$$

式中：Q 为电容量的无功功率（kW）；C' 为△联接的三相总电量（μF）。

（3）电容器电压选择。

电容器的电压大小应不低于发电机端电压幅值的 2 倍。

2. 电容器安装位置。

异步发电机与静电电容器的联接位置有以下两种：

（1）定子绕组接主电容器及辅助电容器。在定子绕组出线端接上一组固定电容器，以供给空载时无功电流，称为主电容器。同时接附有转换开关的辅助电容器，供给增加负载时所需之励磁电流。为了便于调节，辅助电容器可由若干组小电容器并联组成。

（2）主电容器固定地接在异步发电机定子绕组出线上，辅助电容器分别接在配电线路上，即在负载端接辅助电容器，使电容电流足以补偿负载引起的压降，使发电机电压保持稳定。

3. 异步发电机运行中的几个问题。

（1）负载性质：三相异步发电机主要适用于供给照明负载，供给动力负载只能是少量的。一般负载容量在发电机额定容量的 25% 以下，且负载的单机容量不大于发电机容量的 10%。

（2）电压调整：为使电压比较稳定，其一是随负载变化适当调节电容量；其二是调整原动机的转速。

（3）失磁的处理。

①用 3~6 V 电池在每相定子绕组端接一下充电即可。

②在有交流电源的地方，发电机如因短路而失磁，可让电动机运行几分钟即可恢复剩磁。

③在无交流电源的地方，可在空载时增加定子绕组并联电容量，运转几分钟即可恢复剩磁。

（4）开机和停机操作程序。

①开机：先投入电容器，再开动原动机，达到额定电压后带负载。负载与辅助电容器一同投入，或一面加负载一面调辅助电容，以维持电压稳定。

②停机：先减少辅助电容，再逐步减少负载，如辅助电容装于负载端，则同时拉闸，然后停机。

实验十五　三相异步电动机的温升实验

一、实验目的

1. 掌握用直接负载法做异步电动机温升实验的方法。
2. 求取三相异步电动机绕组、铁芯、轴承等部分的温升。
3. 了解低压带电测温装置的基本原理和使用方法。

二、预习要点

1. 电机温升的概念是什么？电机的温升对于电机正常工作及使用寿命有何影响？
2. 测量电机各不同部分的温度有哪些方法？各自的适用范围是什么？
3. 做不同定额电动机的温升实验为什么有不同的要求？

三、实验内容

1. 实验时周围冷却介质温度的测量。
2. 电机铁芯、轴承及绕组温升的测量。

四、实验说明

1. 电机温升的概念。

电机运行时，电机中产生的各种损耗转化为热量，因而电机的温度就要升高。当电机的温度高过周围冷却介质的温度时，电机就向周围冷却介质散发热量。当电机中发热与散热达到平衡时，温度就处于稳定状态。电机各部分达到稳定的温度减去周围冷却介质的温度，即为电机各部分的温升。

2. 电机各部分温度的测量方法。

电机的绕组、铁芯、轴承等部分温度的测量方法有温度计法和电阻法两种。

（1）温度计法：用于不能用电阻法测量温度的电动机的个别部分，如机壳、定子、铁芯、轴承等。温度计包括膨胀式温度计（如水银温度计、酒精温度计等），半导体温度计以及非埋置的热电偶或电阻温度计。

（2）电阻法：用于电动机的一切绕组，利用绕组的直流电阻在温度升高后绕组的电阻相应增大的关系来确定绕组的温度，其所测得的是绕组温度的平均值。

测得热态电阻后，绕组的温升由下式确定：

$$\theta = \frac{r_r - r_e}{r_e}(K + t_e) + t_e - t_r$$

式中：θ 为绕组平均温升（℃）；r_r 为实验结束时绕组的热态电阻（Ω）；r_e 为实际冷却状态下绕组的电阻（Ω）；t_e 为实际冷却状态下绕组的温度（℃）；t_r 为实验结束时冷却介质的温度（℃）；K 为常数，对于铜，$K = 235$，对于铝，$K = 228$。注意：r_e 和 r_r 必须在电动机同一出线端上测得。

上列温升计算公式的由来推证如下：铜或铝导线受热后，电阻随温度升高的变化关系如图 15−1 所示。

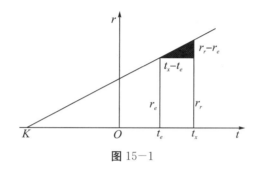

图 15−1

根据图 15−1 的关系可得 $\dfrac{t_x - t_e}{r_r - r_e} = \dfrac{K + t_e}{r_e}$，将等式两端同乘以 $(r_r - r_e)$ 变为 $t_x - t_e$ $= \dfrac{r_r - r_e}{r_e}(K + t_e) + t_e$ 或 $t_x = \dfrac{r_r - r_e}{r_e}(K + t_e) + t_e$，这里的 t_x 表示实验结束时绕组的温度（℃）。因此，求绕组的温升时，只需从 t_x 中减去实验结束时冷却介质的温度 t_r 即可。设温升 $\theta = t_x - t_r$ 表示绕组的温升，于是得到：

$$t_x - t_r = \frac{r_r - r_e}{r_e}(K + t_e) + t_e - t_r \quad \text{或} \quad \theta = \frac{r_r - r_e}{r_e}(K + t_e) + t_e - t_r$$

五、实验线路及操作步骤

1. 周围冷却介质温度的测量。

（1）对采用周围空气冷却的电动机，空气温度（t_e）可用几支温度计放置在冷却空气进入电动机的途径中进行测量，温度计距离电动机 1～2 m，温度计球部处于电动机高度一半的位置，并应不受外来辐射热流及气流的影响。

（2）对采用强迫通风或具有闭路循环冷却系统的电动机，应在电动机的进风口处测量冷却介质的温度。测试应在冷却介质温度为 0℃～40℃ 范围内进行。

（3）实验结束时冷却介质的温度（t_r）应采用实验过程中最后 1 小时内几个相等时间间隔（15 分钟或 30 分钟）的温度计读数的平均值。

实验期间应采取措施减少冷却介质温度的变化。

2. 电动机铁芯、轴承及绕组温升的测量。

温升实验应在额定电压、额定频率及额定功率或铭牌电流下进行。

对于几种额定数据的电动机，应在预计产生最高温升的额定数据下进行温升实验。如果这些额定数据不能预先确定，则实验应在所规定的几种额定数据下逐一进行。

（1）连续定额的电动机：对于连续定额的电动机可以采用直接负载法进行温升实验。实验接线图如图 15－2 所示。

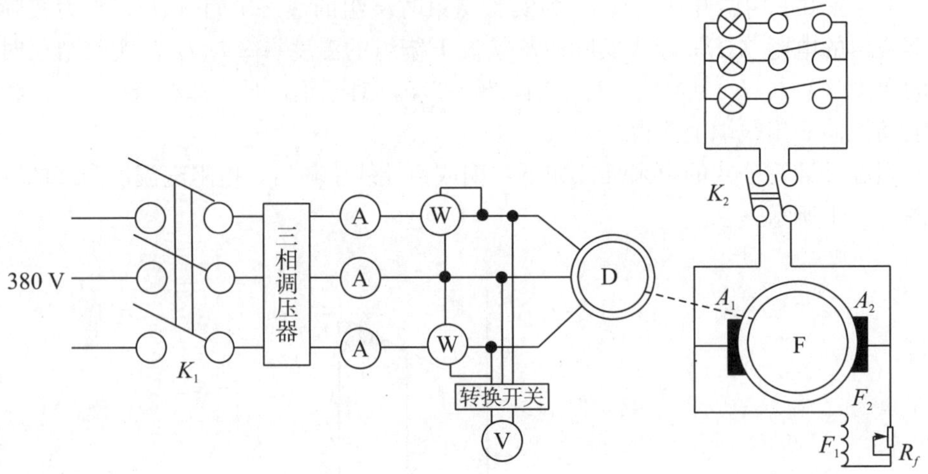

图 15－2　电机温升接线图

为了缩短实验时间，在实验开始时可以适当过载或者把进风道暂时封闭半小时左右，等到电动机各部分温度升起来后再进行正常实验。

实验时应用温度计测量定子铁芯、轴承及周围冷却介质的温度，至少每半小时测量记录一次，并将数据记录于表 15－1 中。

表 15－1

温度 $t_e=$　　℃时的冷态直流电阻 $r_e=$　　Ω										
时间	电压（V）	电流（A）				功率（W）			铁芯温度（℃）	环温（℃）	电阻（Ω）
	U_1	I_A	I_B	I_C	I_1	W_1	W_2	P_1	t_{Fe}	t_r	r_r

直至电动机各部分温升达到实际稳定，即 1 小时内定子铁芯温升的变化不超过 1℃为止，如采用带电测温法则为绕组热态电阻不再变化为止。

绕组温度的测量：在有条件的情况下应优先采用带电测温的办法（原理和接线见本实验附录），否则在电动机切断电源后立即测量定子绕组热态电阻，共测 5～6 个时间间隔，并将数据记录于表 15－2 中。

表 15－2

断电时间（s）	$t_1=$	$t_2=$	$t_3=$	$t_4=$	$t_5=$	$t=0$（断电时间）
测得电阻（Ω）	$r_1=$	$r_2=$	$r_3=$	$r_4=$	$r_5=$	$r_r=$

由表 15-2 中的数据作 $r = f(t)$ 的曲线如图 15-3 所示，从最小时间间隔 t_1 点延长曲线与纵轴相交，则交点的电阻 r_r 即为断电瞬间 $t = 0$ 时的热态电阻。

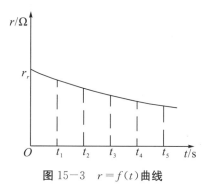

图 15-3　$r = f(t)$ 曲线

电动机的温升实验如果不是在额定输出功率时进行，则实验后应当换算到电动机额定输出功率时绕组的温升值。电动机对应于额定输出功率时绕组温升的数值 θ_N 依照下式换算：

$$\theta_N = \theta_z \left(\frac{I_N}{I_z}\right)^2 \left[1 + \frac{\theta_z (I_N/I_z)^2 - \theta_z}{K + \theta_z + t_r}\right]$$

式中：$(I_N - I_z)/I_N$ 不应超过 $\pm 20\%$。若 $(I_N - I_z)/I_N$ 小于 $\pm 5\%$，则可用下式换算：

$$\theta_N = \theta_z \left(\frac{I_N}{I_z}\right)^2$$

式中：I_N 为电动机额定输出功率时的电流，可从工作特性曲线上求得；I_z 为电动机实验时的电流，取实验过程中最后 1 小时内几个相等时间间隔时的电流读数的平均值；θ_z 为对应实验电流 I_z 时的绕组温度；t_r 为实验结束时冷却介质的温度。

（2）断续定额的电动机：实验时每个工作周期为 10 分钟，直到电动机各部分的温升达到实际稳定为止。温度的测量应在最后一个工作周期中负载时间的前半段终止时进行。

（3）短时定额的电动机：实验的持续时间应符合规定的定额数值，也应从电动机的实际冷却状态下开始。

附录　低压带电测量定子绕组电阻的方法
（简称低压带电测温装置）

1. 带电测量原理。

根据国际电工协会（IEC）第二技术委员会的推荐，把一个直流电压叠加在正在作负载运行的交流电机定子绕组上时，绕组中将有一个直流电流叠加在交流电流上，如此项电流通过电抗，则交直流两部分可以分开。

绕组电阻可以利用电桥或电压电流法测量直流部分而获得，低压带电测温装置，就是利用比较准确地测量低电阻的双臂电桥改制而成。为了将交流和直流分开，在双臂电桥回路及直流回路中串入扼流圈 D 及 D'（如图 15-4 及图 15-5 所示）。扼流圈的作用是将50周的交流电压降低到极小的数值，以不至于破坏桥臂及测量部分。同时在电桥的平衡指示器——检流计的输入端接上由 $L-C$ 组成的二极 π 型滤波器 L。滤波器主要用来滤去残存的交流电势。补偿电阻 R' 是用来平衡扼流圈 D 的直流电阻值，使桥臂电阻 R 可以得到同步调节。为了读数和计算的方便，R' 和 D 的电阻值各为 $1000\ \Omega$。同步电阻 R 的值可在 $0\sim9999\ \Omega$ 的范围内调节。比例臂电阻 R_1 的阻值一般为 $10\ \Omega$，$100\ \Omega$，$1000\ \Omega$。

在测量时，先根据需要将比例臂电阻 R_1 放在 $10\ \Omega$ 挡，$100\ \Omega$ 挡或 $1000\ \Omega$ 挡，调节同步电阻 R，使电桥获得平衡，当电桥平衡时（即检流计指零）有：

$$R_x = R_N\,\frac{R+D}{R_1} = R_N\,\frac{R+1000}{R_1}$$

式中：R_x 为被测绕组一相电阻；R_N 为大功率标准电阻。

2. 低压带电测温装置。

在测量时，实验接线图如图 15—4 及图 15—5 所示。

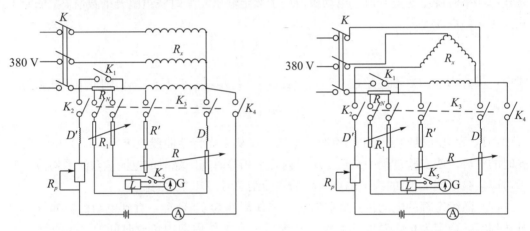

图 15—4　被试电动机具有 Y 接法　　　图 15—5　被试电动机具有 △接法

在图 15—4 和图 15—5 中，R_N 为大功率标准电阻；R 为桥臂同步电阻；D 为电压扼流圈；K_1，K_2 为转换开关；R' 为补偿电阻；K_4 为直流回路开关；L 为二极双 π 滤波器；A 为直流电流表；K_3 为四刀开关；R_x 为被测绕组电阻；R_1 为比例臂电阻；D' 为电流扼流圈；R_p 为可变电阻器；G 为检流计。

实验十六　三相异步电动机杂散损耗的测定

一、实验目的

1. 熟悉异步电动机杂散损耗的实验方法。
2. 用直流电机反转法和异步电机反转法实测异步电动机的杂散损耗。

二、预习要点

1. 何谓杂散损耗？产生杂散损耗的原因是什么？杂散由哪些部分组成？
2. 为什么实验标准中要规定实测异步电动机的杂散损耗？实测杂散损耗对提高电机质量有何意义？
3. 直流电机反转法和异步电机反转法测杂散损耗的原理是什么？实验标准中为什么规定优先采用直流电机反转法？

三、实验内容

1. 用直流电机反转法测定异步电动机的杂散损耗。
2. 用异步电机反转法测定异步电动机的杂散损耗。

四、实验说明

1. 三相异步电动机的杂散损耗。

杂散损耗又称附加损耗，是指电机总损耗中除机械损耗、基频铁损耗和以直流电阻计算的定子基本损耗、转子基本损耗等以外的其他特殊损耗之和。杂散损耗的主要成分是铜（或铝）中的杂散损耗和铁中的杂散损耗。

2. 杂散损耗产生的原因。

杂散损耗产生的原因有很多，按其产生的根源和性质可分为基频杂散损耗和高频杂散损耗。

（1）基频杂散损耗。

①由定子绕组槽漏磁和端部漏磁在铜（或铝）中所引起的杂散损耗。这部分损耗主要是由于集胶效应作用，使绕组电阻比直流电阻增大而造成的。

②由定子绕组端部漏磁在金属结构中引起的杂散损耗。这部分损耗主要是由于漏磁通在金属结构件中感应电势产生涡流和磁滞损耗而造成的。

③由于采用斜槽转子后由斜槽漏磁所引起的杂散损耗。这部分损耗随转子电流 I_2'

成正比地增大。

以上三部分杂散损耗均为按定子电流频率（工频 50 Hz）交变的漏磁通所造成的，因此称为基频杂散损耗。

（2）高频杂散损耗。

①由气隙高次谐波磁场在定、转子铁芯表面所引起的杂散损耗——表面损耗。这部分损耗是由高次谐波磁场在定、转子铁芯表面产生的涡流和磁滞损耗构成的。

②由气隙高次谐波磁场在定、转子铁芯齿部脉动所引起的杂散损耗——脉振损耗。这部分损耗是气隙高次谐波磁场在定、转子铁芯齿部脉动产生的涡流和磁滞损耗。

③鼠笼转子中的高次谐波电流损耗。这部分损耗主要是由转子导条和端环中的高次谐波电流损耗和转子斜槽后的横向泄漏电流损耗构成的。

④由于铁芯饱和所引起的三次气隙磁势谐波所产生的杂散损耗。这部分损耗包括三次谐波磁通在定子铁芯引起的涡流损耗和在△联接的绕组中产生的环流损耗。

以上四部分损耗是由气隙高次谐波磁场的存在而产生的，所以统称为高频杂散损耗。在总的杂散损耗中，高频杂散损耗占主要部分，而基频杂散损耗只占 10% 左右。

3. 杂散损耗的实测方法。

异步电动机的杂散损耗的大小，除与电机的几何参数有关外，还与很多工艺因素有关，很难准确计算，所以过去设计电机时，通常是以电机输出功率的 0.5% 来考虑。近年来经实测表明：异步电动机的杂散损耗远大于输出功率的 0.5%，平均约占输出功率的 2%~3%，而且就是同一规格的电机分散性也很大，故实验方法标准规定要实测杂散损耗。杂散损耗的实测方法：①测功机法；②回馈法；③反转法；④直流励磁法。

国家标准规定：实测异步电动机杂散损耗优先采用反转法。因此，本实验着重叙述用直流电机反转法和异步电机反转法实测杂散损耗的原理与实验方法。

五、实验线路及操作步骤

1. 用直流电机反转法测异步电动机的杂散损耗。

这种方法就是用一台分析过的直流电机作为辅助电机来实测三相异步电动机的杂散损耗。

（1）基频杂散损耗的测量。

①实验时将三相异步电动机的转子取出，端盖等部件仍然装好。在定子绕组上施以平衡的三相低电压（由调压器控制），测取定子三相电流和输入功率。改变外施电压以调节定子电流，在 0.25~1.25 倍额定电流范围内测取 5~6 组数据。实验时一定要注意缓慢升压，使电流达到 1.25 倍额定电流左右，然后再逐渐降低电压，以测取各点数据。切断电源后立即测取定子绕组的电阻（用电桥法测量）。

②实验时，电气测量接线图如图 16-1 所示。由于功率因数低，最好选用低功率因数瓦特表测量输入功率。

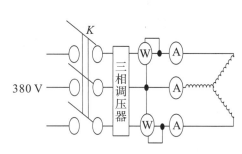

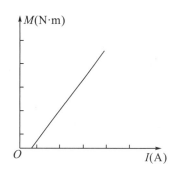

图 16-1　基频杂散损耗实验接线图　　　　图 16-2　直流电机 $M = f(I)$ 校正曲线

③在这种状态下，输入功率全部是损耗。由于外施电压很低，此时的铁损耗可以忽略不计，因而损耗只有两项，即定子绕组铜（或铝）损耗和基频杂散损耗。故基频杂散损耗可按下式计算：

$$P_{zg} = P_1 - 3I_1^2 r_1$$

式中：P_1 为瓦特表读出的三相输入功率（W）；I_1 为定子绕组的相电流（取三相平均值）；r_1 为实验后所测得的定子绕组相电阻。

（2）高频杂散损耗的测量。

①$M = f(I)$ 曲线。

实验时，通常给出直流电机运行于电动机状态时电枢电流 I 与轴端输出转矩 M 的关系曲线。因此，只要测得直流电机的电枢电流后立即查对给出的曲线，便能得出在此电流时直流电机轴上的输出转矩 M，也就知道了输出功率。使用分析过的直流电机时，一定要注意维持其励磁电流为给定值，实验过程中不应有变动。图 16-2 给出了一台分析过的直流电机的 $M = f(I)$ 曲线。

②实验步骤。

将被试电机与直流辅助电机用联轴器联接。检查被试电机的放置方向，使两者转向相反，则被试电机工作在电磁制动状态（$S = 2$），并应保持同步速度不变。转速的调节借调整直流辅助电机的电枢电压来实现。此时辅助直流电机的励磁电流应保持不变。改变被试电机的外施电压以调节定子电流，在 $0.25 \sim 1.25$ 倍额定电流范围内测取 $5 \sim 6$ 点，在每一点同时读取被试电机的输入功率、定子电流和直流辅助电机的电枢电流。断开被试电机的电源，使机组仍以同步转速 n_0 运转，读取此时直流辅助电机的电枢电流，停机。用电桥法测定被试电机的定子相电阻。电气测量接线图如图 16-3 所示。

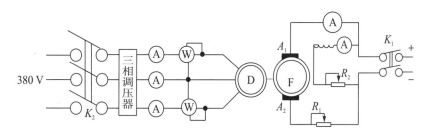

图 16-3　直流电机反转法实验接线图

实验时先投入直流辅助电动机，调节直流电压达到被试电机的同步转速，然后在最低电压下投入被试电机。监视定子电流缓慢地增加电压，使定子电流增加 1.1 倍额定电流后开始测试。在每一测试点均应保证机组在同步转速下运行，调节转速时应调整辅助电机的电枢回路电阻。整个实验过程中均应保持直流电动机的励磁电流为校正时的值不变。转速的测量采用闪光测频法。在定子电流达到额定值预热 15 分钟开始实验。

高频杂散损耗实验数据记录于表 16-1 中。

表 16-1

实验结束后测得定子电阻 $r_{zk} =$													
被试电机							辅助电机				定子铜损耗	高频杂散损耗	总杂散损耗
电流（A）				功率（W）									
I_A	I_B	I_C	I_1	W_1	W_2	P_1	I	M	P_{j1}	P'_{j1}	P_{t1}	P_{zk}	P_z

③分析与计算。

根据上述实验，被试电机是工作在电磁制动状态，从定子传递过来的电磁功率和以机轴上由拖动它的直流电动机所输入的机械功率都完全消耗在被试机转子里，这是分析计算的依据。

被试电机在制动状态时，$S=2$，由电机的功率平衡关系即可推出此时由定子传递给转子的电磁功率为

$$P_{dc} = P_1 - P_{t1} - P_{ti} - P_{zg} \approx P_1 - P_{t1} - P_{zg} \qquad (1)$$

式中：P_1 为输入定子的功率；P_{t1} 为定子铜（铝）损耗；P_{ti} 为定子铁损耗（由于所加电压很低，可以忽略不计）；P_{zg} 为基频杂散损耗。

此时由辅助直流电动机从机轴输入到被试电机转子的机械功率为

$$P_{j1} = \frac{M \cdot n_0}{975} \qquad (2)$$

式中：M 为直流电动机输入到被试电机的机械转矩（由实验时测得的直流电动机的电枢电流 I，查核正时所得的 $M = f(I)$ 曲线得到）；n_0 为同步转速。此时被试电机转子上的损耗有三项：机械损耗 P_j，高频杂散损耗 P_{zk} 和转子绕组铜（或铝）损耗 P_{t2}。

因为实验是使被试电机在电磁制动状态下工作，即 $S=2$，故转子损耗为

$$P_{t2} = SP_{dc} = 2(P_1 - P_{t1} - P_{zg}) \qquad (3)$$

转子上的损耗是由辅助直流电机和被试电机定子共同供给的，所以根据上面的关系有：

$$P_{dc} + P_{j1} = P_j + P_{zk} + P_{t2} \text{ 或 } P_{dc} = -P_{j1} + P_j + P_{zk} + P_{t2}$$

故

$$-P_{j1}+P_j+P_{zk}=P_{dc}-P_{t2}$$

又因 $P_{t2}=SP_{dc}=2P_{dc}$，代入上式得

$$-P_{j1}+P_j+P_{zk}=-P_{dc} \tag{4}$$

将式（4）代入式（1）得

$$-P_{j1}+P_j+P_{zk}=-P_1+P_{t1}+P_{zg}$$

进行移项整理得

$$P_{zk}=P_{j1}-P_j-(P_1-P_{t1}-P_{zg}) \tag{5}$$

式（5）右端只有 P_j 未知，实际上，当被试电机断电后，由直流电机输出到被试电机转子的机械功率就等于被试电机的机械损耗。在做实验时，将被试电机的交流电源切断，然后读取直流电机的电枢电流，再根据此电流去查 $M=f(I)$ 曲线得 M_{zo} 的值，于是

$$P_j=P'_{j1}=\frac{M_{zo}\cdot n_0}{975} \tag{6}$$

式中：M_{zo} 为被试电机断电后直流电机的输出力矩。

将 $P_j=P'_{j1}$ 代入式（5），则高频杂散损耗按下式计算：

$$P_{zk}=P_{j1}-P'_{j1}-(P_1-P_{t1}-P_{zg}) \tag{7}$$

根据被试电机在不同定子电流的基频杂散损耗 P_{zg} 和高频杂散损耗 P_{zk}，分别绘制出 $P_{zg}=f(I)$ 和 $P_{zk}=f(I)$ 的关系曲线，如图 16-4 所示。

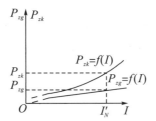

图 16-4　杂散损耗曲线

因为空载电流所引起的杂散损耗已经包括在电动机的空载损耗中，所以对应于被试电机额定电流时的杂散损耗应取实验曲线上对应于 I'_N（而不是 I_N）的杂散损耗。I'_N 按下式计算：

$$I'_N=\sqrt{I_N^2-I_0^2} \tag{8}$$

计算其他工作点的杂散损耗也按同样的方法。

实际上，基频杂散损耗也可以不实测，而用统计法求得，即

$$P_{zg}=C(P_{zk}-P_{zg}) \tag{9}$$

式中：C 为各类电动机用统计法求得的常数。对于 J_2、J_{o2} 及 J_{o3} 系列的电动机，$C=0.1$。

将式（9）代入式（7）得

$$P_{zg}+P_{zk}=(1+2C)(P_{j1}+P_{t1}-P_1-P'_{j1})$$

那么总的杂散损耗为

$$P_z = (1+2C)(P_{j1} + P_{t1} - P_1 - P'_{j1}) \quad\quad (10)$$

使用该式时也应逐点求出，绘成 $P_z = f(I)$ 的关系曲线，曲线的使用方法同上。

2. 用异步电机反转法测异步电动机的杂散损耗。

这种方法与直流电机反转法的原理相同，只不过是用一台与被试电机相同的异步电动机作为辅助电机来实测异步电动机的杂散损耗。它的优点是不需要分析过的直流电机，实验比较容易实现，所以现在普遍采用。

（1）实验步骤。

将两台同样规格的异步电动机（即功率和极数相同）用联轴器直接联接，其电气测量接线图如图 16-5 所示。

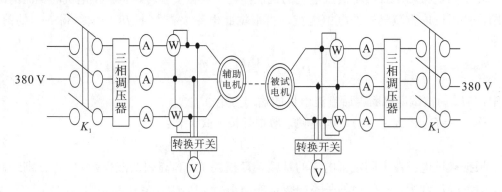

图 16-5　异步电机反转法实验接线图

被试电机外施三相平衡的低电压，辅助电机外施三相平衡的额定电压。实验前观察两者的旋转方向，并使彼此方向相反。先接通辅助电机，然后在最低电压下接通被试电机，机组的旋转方向与辅助电机一致。实验时保持辅助电机的外施电压不变。调节被试电机的外施电压，使其定子电流接近额定值，预热 15 分钟即可进行实验。

调节被试电机的外施电压，使其定子电流从 1.1 倍额定电流值逐渐下降，在 0.5～1.1 倍额定电流范围内读取 5～6 点，每点应记录被试电机的三相电流、输入功率和辅助电机的输入功率，然后断开被试电机的电源，读取此时辅助电机的输入功率。最后停机立即测量被试电机定子绕组的电阻。

被试电机和辅助电机的功率测量最好采用低功率因数瓦特表。仪表量程不够时，应使用电流互感器。

进行实验时，最好是按照同样的步骤复试一次，以免由于瓦特表波动导致偶然的误差。

若无同样规格的异步电动机，可用一台极数相同，功率略大于被试电机的异步电动机作为辅助电机。

将实验测试数据记录于表 16-2 中。

（2）分析与计算。

高频杂散损耗的计算公式与直流电机反转法相似，即被试电机工作于电磁制动状态，它的转子上有两个方面输入功率：一是被试电机定子经气隙传递到转子去的电磁功率；二是由辅助电动机轴上输出的机械功率。这两部分功率都消耗在被试电机的转子

被试电机断电后测得定子绕组电阻 $r_{zk}=$ 　　 Ω											
被试电机							辅助电机			杂散损耗	
电流（A）				功率（W）			铜损耗	功率（W）			
I_A	I_B	I_c	I_1	W_1	W_2	P_1	P_{t1}	W_1	W_2	P_1'	P_1''	P_{zk}'	P_z

上，作为机械损耗、转子绕组损耗和高频杂散损耗等的消耗。下面分别加以说明：

由被试电机定子传递给转子的电磁功率为

$$P_{dc}=P_1-P_{t1}-P_{zg}$$

由辅助电机轴上输出到被试电机转子上去的机械功率为

$$P_{j1}=P_1'-\sum P' \tag{11}$$

式中：P_1' 为辅助电动机的输入功率；$\sum P'$ 为辅助电机在此时的全部损耗。

于是，被试电机转子上吸取的全部功率均作为损耗所平衡，即

$$P_{dc}+P_{j1}=P_{t2}+P_j+P_{zk}$$

式中：P_{t2} 为被试电机转子绕组的损耗，$P_{t2}=S\cdot P_{dc}$；P_j 为被试电机的机械损耗；P_{zk} 为被试电机的高频杂散损耗。

这里值得注意的是，以异步电动机作为辅助电机时，电动机的转速不可能达到理想的同步转速，即被试电机的转差率 $S<2$，且在各实验点均有微小的变化。但是，此时辅助电机基本上处于空载运行状态，其转速基本上接近同步转速，故可近似认为 $S=2$。这样分析的结果，误差不致很大，因此有

$$P_{t2}=S\cdot P_{dc}=2P_{dc}=2\left(P_1-P_{t1}-P_{zg}\right) \tag{12}$$

同时，被试电机的机械损耗 P_j 实际上就等于其断电后辅助电机输出的机械功率，即

$$P_j=P_{j1}'=P_1''-\sum P'' \tag{13}$$

式中：P_1'' 为被试电机断电后辅助电机的输入功率；$\sum P''$ 为被试电机断电后辅助电机的全部损耗。

按照被试电机转子的功率平衡关系可以得到

$$P_{dc}+P_{j1}=P_{t2}+P_j+P_{zk} \tag{14}$$

将式（1）和式（11）～（13）代入式（14）得

$$P_1-P_{t1}-P_{zg}-\left(P_1'-\sum P'\right)=2(P_1-P_{t1}-P_{zg})+\left(P_1''-\sum P''\right)+P_{zk}$$

整理后得

$$P_{zk}=P_1'-\sum P'-\left(P_1''-\sum P''\right)-\left(P_1-P_{t1}-P_{zg}\right)$$

由上式可以看出，除 $\sum P'$ 和 $\sum P''$ 这两个量外，其余均可以从实验中测量或计算出来。现在我们再来看 $\sum P'$ 和 $\sum P''$ 这两个量包含的意义，其计算公式为

$$\sum P' = P'_{t1} + P'_{ti} + P'_{t2} + P'_z + P'_j$$

$$\sum P'' = P''_{t1} + P''_{ti} + P''_{t2} + P''_z + P''_j$$

式中：P'_{t1}，P''_{t1} 分别为被试电机断电前和断电后辅助电机的定子铜（或铝）损耗；P'_{ti}，P''_{ti} 分别为被试电机断电前和断电后辅助电机的铁损耗；P'_{t2}，P''_{t2} 分别为被试电机断电前和断电后辅助电机的转子绕组损耗；P'_z，P''_z 分别为被试电机断电前和断电后辅助电机的杂散损耗；P'_j，P''_j 分别为被试电机断电前和断电后辅助电机的机械损耗。

因此在实验过程中（包括被试电机断电前和断电后），辅助电机电压均保持不变，定子电流也近似不变，故 $P'_{t1} = P''_{t1}$，$P'_{ti} \approx P''_{ti}$。

又因为辅助电机在实验过程中（包括被试机断电前和断电后）电流均接近于空载电流，且辅助电机的转差率 $S \approx 0$，故 $P'_z = P''_z$，$P'_{t2} \approx P''_{t2} \approx 0$，$P'_j = P''_j$。

由此可见，我们有足够的理由认为 $\sum P' = \sum P''$。

这样推导所得的高频杂散损耗计算公式就与直流电机反转法所得的完全相似了，即

$$P_{zk} = P'_1 - P''_1 - (P_1 - P_{t1} - P_{zg}) \tag{15}$$

对于基频杂散损耗通常也不实测，而是采用统计法求得，因此总的杂散损耗计算公式为

$$P_{zk} = (1 + 2C)(P'_1 + P_{t1} - P_1 - P''_{j1}) \tag{16}$$

式中：C 为各类电动机用统计法求得的常数。对于 J_2、J_{o2} 及 J_{o3} 系列的电动机，$C = 0.1$。

负载时的杂散损耗计算也与直流反转法相似，根据各实验点数据计算相应的杂散损耗，作出 $P_z = f(I)$ 曲线。在实验过程中，由于电压波动等因素的影响容易导致瓦特表的波动，故应从两次实验数据中选取最佳点连接曲线，如图 16-6 所示。

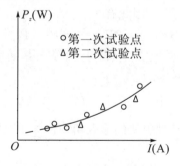

图 16-6　杂散损耗曲线

对应于额定电流时的杂散损耗也和直流电机反转法一样，应取实验曲线上对应于 I'_N 的电流去查取杂散损耗 P_z 的值，而不应直接用 I_N 去查取。其理由如前直流反转法所述。I'_N 按下式计算：

$$I'_N = \sqrt{I_N^2 - I_0^2}$$

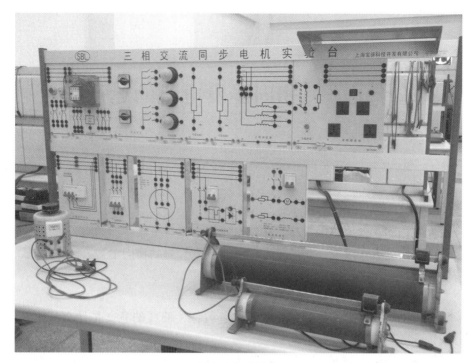

同步电机实验台

三相同步电机实物

实验十七　三相同步发电机的运行特性

一、实验目的

1. 掌握三相同步发电机的空载、短路及零功率因数负载特性的实验求取法。
2. 学会用实验方法求取三相同步发电机对称运行时的稳态参数。

二、预习要点

1. 同步发电机空载、短路和零功率因数负载特性曲线的意义是什么？曲线的大致形状如何？
2. 怎样利用空载、短路和零功率因数负载特性曲线来求取同步发电机的稳态参数？
3. 怎样利用凸极同步电机的简化向量图来求取同步发电机的电压变化率 ΔU？

三、实验内容

1. 空载实验：在 $n = n_N$，$I = 0$ 的条件下测取同步发电机的空载特性曲线 $U_0 = f(I_f)$。
2. 三相短路实验：在 $n = n_N$，$U = 0$ 的条件下测取同步发电机的三相短路特性曲线 $I_k = f(I_f)$。
3. 求取零功率因数负载特性曲线上的一点，在 $n = n_N$，$U = U_N$，$\cos\varphi \approx 0$ 的条件下测取 $I = I_N$ 时的 I_f 值。

四、实验线路及操作步骤

1. 空载实验。
实验接线图如图 17-1 所示。

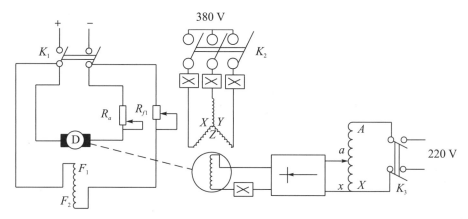

图 17-1　同步发电机空载、短路实验接线图

实验时启动原动机（直流电动机），将发电机拖到额定转速，电枢绕组开路，调节励磁电流使电枢空载电压达到 $120\% U_N$ 左右，读取三相线电压和励磁电流，作为空载特性的第一点。然后单方向逐渐减小励磁电流，较均匀地测取 8～9 组数据，最后读取励磁电流为零时的剩磁电压，将测量数据记录于表 17-1 中。

表 17-1

$n = n_0 = 1500 \text{ r/min}$　$I = 0$

序号	空载电压（V）					励磁电流（A）		
	U_{AB}	U_{BC}	U_{AC}	U_0	U_0^*	I_f'	$I_f = I_f' + \Delta I_{f0}$	I_f^*
1								
2								
3								
4								
5								
6								

在表 17-1 中，

$$U_0 = \frac{U_{AB} + U_{BC} + U_{AC}}{3}, \quad U_0^* = \frac{U_0}{U_N}, \quad I_f^* = \frac{I_f}{I_{f0}}, \quad I_f = I_f' + \Delta I_{f0}$$

式中：I_{f0} 为 $U_0 = U_N$ 时的 I_f 值。

若空载特性剩磁较高，则空载特性应予以修正，即将特性曲线的直线部分延长与横轴相交，交点横坐标的绝对值 ΔI_{f0} 即为修正量。在所有实验测得的励磁电流数据上加上 ΔI_{f0}，即得通过坐标原点的空载校正曲线，如图 17-2 所示。

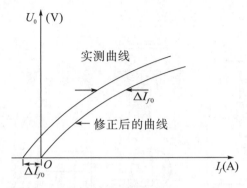

图 17-2 空载特性修正

2. 短路实验。

实验线路图如图 17-1 所示。

在直流电动机处于不停机状态，同时发电机励磁电流等于零的情况下，合上短路开关 K_2，将电枢三相绕组短路，将机组转速调到额定值并保持不变，逐步增加发电机的励磁电流 I_f，使电枢电流达到 1.1～1.2 倍额定值，同时量取电枢电流和励磁电流，然后逐步减小励磁电流直到降为 0 为止。其间共读取 5～6 组数据，记录于表 17-2 中。

表 17-2

序号	短路电流（V）					励磁电流（A）		
	I_A	I_B	I_C	I_k	I_k^*	I_f'	$I_f = I_f' + \Delta I_{f0}$	I_f^*
1								
2								
3								
4								
5								
6								

在表 17-2 中，

$$I_k = \frac{I_A + I_B + I_C}{3} , \quad I_k^* = \frac{I_k}{I_N} , \quad I_f^* = \frac{I_f}{I_{f0}}$$

式中：I_N 为发电机额定电流；I_{f0} 为空载电压为额定电压时的励磁电流。

3. 零功率因数（过励）负载特性实验。

零功率因数负载特性是指转速 $n = n_N$，电流 $I = I_N$，功率因数 $\cos\varphi = 0$（同步发电机运行于过励情况下，有功输出为零）时的电枢电压 U 与励磁电流 I_f 的关系曲线。此特性的目的是求漏电抗 X_o（或波梯电抗 X_p）和电枢反应磁势。零功率因数负载特性曲线最实用的是额定点，即 $n = n_N$，$I = I_N$，$\cos\varphi = 0$，$U = U_N$ 时的励磁电流 I_f，零功率因数曲线可以用三相纯电感性负载实验测出，也可由并网测出。本实验采用并网测。

（1）启动直流电动机（原动机），将发电机拖到定额转速（$n = n_N$）；调节励磁电流使发电机空载电压为额定电压（$U = U_N$）并与并网电压相等（电网电压通过感应调节器调节）；校对发电机相序是否与电网相序一致。

在上述三个条件满足后进行正确并车操作（并车操作参阅实验十八）。

（2）调节直流电动机励磁电流（实际上是调节磁场电阻）即调节发电机有功，使发电机有功输出为零（$\cos\varphi = 0$）并保持不变。逐渐增加发电机励磁电流使发电机运行在过励状态。当发电机的功率因数低于 0.2（因为要做到 $\cos\varphi = 0$ 有困难），$I = I_N$ 时，记下此时励磁电流 I_f 即为所求之点。如果实验时发电机电枢电压、电枢电流不为额定值，则应将电压、电流同时读出并记录于表 17－3 中。

表 17－3

序号	电枢电压（V）					电枢电流（A）					励磁电流（A）		
	U_{AB}	U_{BC}	U_{AC}	U	U^*	I_A	I_B	I_C	I	I^*	I_f'	$I_f = I_f' + \Delta I_{f0}$	I_f^*
1													
2													
3													

在做上述实验时，如果电枢电压、电枢电流与额定值相差在 ±0.15 标幺值之内，则可用下述作图法确定对应于额定电枢电压、额定电枢电流时的励磁电流。

将零功率因数（过励）实验测得的对应于电枢电压为 U、电枢电流为 I、励磁电流为 I_f 的实验点画在被试电机空载特性曲线上，如图 17－3 中的 C 点。在横坐标轴上取 OD，使其等于三相稳定短路曲线上对应于电枢电流为 I 时的励磁电流 I_{fC}。从 C 点向空载特性曲线作一直线 CF 平行于横坐标轴，并使 $CF = OD$，然后从 F 点作一直线平行于空载特性曲线的直线部分（气隙线），与空载特性曲线交于 H 点，连接 HC 并延长到 N 点，使其长度符合

$$\frac{H_N}{H_C} = \frac{I_N}{I}$$

式中：I 为相应于 C 点的电枢电流。

然后将 HN 沿着空载特性曲线平行地向下移动，移动到 A 点为止，则 A 点的横坐标 OB 就是零功率因数（过励）时对应的额定电枢电压、额定电枢电流的励磁电流。

如果作零功率因数负载特性有困难，对应于零功率因数负载特性曲线上 $I = I_N$，$U = U_N$，$\cos\varphi = 0$ 时的励磁电流也可由实验室给出。

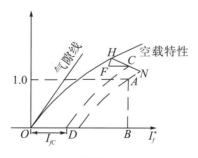

图 17－3

五、实验报告

1. 根据实验数据用直角坐标纸作出三相同步发电机的空载特性气隙线短路特性曲线。正确标出零功率因数负载特性曲线上的一个点，它的坐标是 U_N^* 和 I_f^*，为阻抗三角形。

2. 利用空载特性曲线和短路特性曲线求出同步电抗的不饱和值 X_d^* 和漏电抗 X_σ^* （或波梯电抗 X_p^*）。

3. 求同步发电机的适中比 SCR。

4. 利用简化向量图求作当 $I = I_N$，$\cos\varphi = 0.8$ 滞后时的电压变化率 $\Delta U\%$ （设 $X_q^* = 0.6 X_d^*$）。

实验十八　三相同步发电机的并联运行

一、实验目的

1. 掌握三相同步发电机投入电网并联运行的条件与操作方法。
2. 掌握三相同步发电机并联运行时有功功率和无功功率的调节。

二、预习要点

1. 同步发电机并联运行的条件有哪些？如何满足这些条件？
2. 同步发电机并联运行时如何调节有功功率和无功功率？试说明其物理过程。
3. 何谓同步发电机的 U 形曲线？如何用实验办法求取不同有功输出时的 U 形曲线？

三、实验内容

1. 用准同步法（灯光熄灭法和灯光旋转法）将同步发电机投入电网并联运行。
2. 用自整步法将同步发电机投入电网并联运行。
3. 观察同步发电机与电网并联运行时有功功率的调节。
4. 观察同步发电机与电网并联运行时有功功率的调节，并作出不同有功输出时的 U 形曲线 $I = f(I_f)$。

四、实验线路及操作步骤

1. 用准同步法将同步发电机投入电网并联运行。

（1）灯光熄灭法：实验接线图如图 18－1（a）所示。

启动原动机（直流电动机），使同步发电机的转速接近同步转速。给同步发电机励磁，并调节其电压使与电网电压相等，合上开关 K_1。按灯光熄灭法接线，如果三个指示灯不是同时明亮和熄灭，则表示发电机与电网的相序不一致，此时必须打开开关 K_1 和 K_4，调换发电机（或电网）的任意两相。进一步细调转速，使二者频率非常接近，三只指示灯同时缓慢地熄灭，而后又同时渐亮。发电机投入并联选在三只指示灯同时熄灭的瞬间。为了准确选取这一瞬间，可观察灯光熄灭情况，放过几次合闸机会，以便确定合闸时间，及时合上并车开关 K_2，将发电机投入电网并联运行。

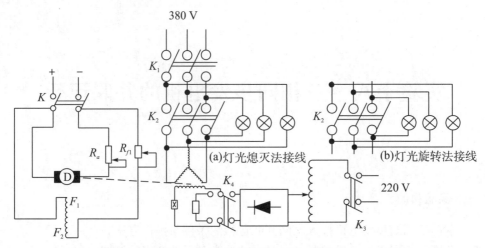

图 18－1　同步发电机并联运行接线图

（2）灯光旋转法：三只指示灯按图 18－1（b）接线，其余接线与图 18－1（a）相同。

照此接线发电机与电网相序相同时，三只指示灯应依次明亮形成旋转灯光。如发现三只指示灯同时明亮和熄灭，则说明发电机与电网相序不一致，应打开开关 K_1 和 K_4，将发电机（或电网）的任意两相互换，以使相序一致。当发电机转速接近同步转速，发电机电压与电网电压相等或接近，如三只指示灯缓慢地轮流旋转，等到直接相连的一只相灯熄灭，交叉相连的两只相灯明亮时，立即合上并车开关 K_2，将发电机投入电网并联运行。

2. 用自整步法将发电机投入电网并联运行。

实验接线图如图 18－1（a）所示。

在 1 项实验作完后，不要变动电网和发电机的接线，以保证二者相序一致。调节原动机转速，使同步发电机接近同步转速〔允许同步转速有 ±（2‰～3‰）的相差〕，调节励磁电流，使发电机的空载电压与电网电压近似相等，保持此励磁电流不变，将开关 K_1 合上。

并联操作步骤：完成上述准备工作之后，将开关 K_4 倒向左边，使转子绕组经限流电阻 R_T（R_T＝8～10 倍转子绕组本身的电阻）闭合。合上并车开关 K_2，将同步发电机投入电网，接着立即将开关 K_4 倒向右边，送入励磁电流，发电机随即自行牵入同步。

（1）观察并联运行时有功功率的调节。

同步发电机并入电网后，接入电流表和功率表，调节励磁电流使同步发电机输出电流 $I＝0$。逐渐增加原动机的输出功率（原动机为直流电动机时减小其励磁电流，即增大励磁电阻），同时注意观察同步发电机的输出功率 P_2 及电枢电流 I 的变化（此项实验只观察不作记录）。

（2）观察并联运行时无功功率的调节。

在转速 $n＝n_N$，输出有功功率 $P_2＝0$ 和 $P_2＝300$ W（一相）的条件下，测取同步发电机的 U 形曲线 $I=f(I_f)$。

①求取发电机输出功率 $P_2=0$（某一相）时的 U 形曲线：实验时适当调节原动机的励磁，保持发电机输出功率 $P_2=0$（某一相），先增加发电机励磁电流使电枢电流达到额定电流的 1.1 倍左右，记下该点的励磁电流 I_f 和电枢电流 I，然后逐次减小励磁电流 I_f，同时记下相应的电枢电流 I，调节励磁使电枢电流减小到最小值，注意记下此点数据，此后继续减小励磁电流 I_f，电枢电流又将增加，直到 $I=I_N$，其间共测取 8～9 组数据，记录于表 18－1 中。

表 18－1

$P_2=0$ W

序号	1	2	3	4	5	6	7	8	9
I（A）									
I_f（A）									

②求取发电机输出功率 $P_2=300$ W（一相）时的 U 形曲线：求取方法同上。主要是要找准最小电流点和始终保持 $P_2=300$ W 不变。将数据记录于表 18－2 中。

表 18－2

$P_2=300$ W

序号	1	2	3	4	5	6	7	8	9
I（A）									
I_f（A）									

五、实验报告

1. 三相同步发电机可用准整步法或自整步法投入电网并联运行，试分析这两种并联方法的优缺点。

2. 画出有功输出 $P_2=0$ W 和 $P_2=300$ W 时同步发电机某相的 U 形曲线，并对该曲线进行说明（即 $\cos\varphi=1$ 线以及过励区、欠励区和不稳定区），如图 18－2 所示。

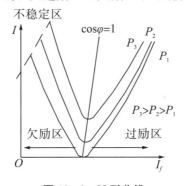

图 18－2　U 形曲线

实验十九　三相同步发电机的参数测定

一、实验目的

1. 学习三相同步发电机静态和动态参数的实验测量方法。
2. 通过实际测量计算，进一步深入理解各参数的物理意义。

二、预习要点

1. X_d，X_q；X'_d，X'_q；X''_d，X''_q；X_0，X_z 的物理意义是什么？怎样用实验方法测量上述各参数。
2. 用什么方法判别定子旋转磁场与转子的旋转方向是同向还是反向？

三、实验内容

1. 用代转速法测定同步电抗 X_d 和 X_q。
2. 用反同步旋转法测定负序电抗 X_z。
3. 用单向电源法测定零序电抗 X_0。
4. 用特定转子位置法测定超瞬变电抗 X''_d 和 X''_q。

四、实验线路及操作步骤

1. 用低转差法测定同步电抗 X_d 和 X_q。

实验接线图如图 19-1 所示。

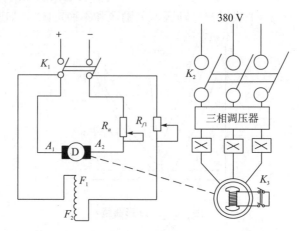

图 19-1　低转差法和反同步旋转法实验接线图

（1）实验前闭合开关 K_3，将同步发电机转子绕组短接。合上开关 K_1 确定直流电动机的转向，再合上开关 K_2 确定同步机的转向，使二者的转向一致，即使同步机电枢磁场的旋转方向与转子的放置方向相同。

（2）合上开关 K_1 启动直流电动机将同步电机拖到接近同步转速，然后断开开关 K_3，使转子绕组开路。

（3）合上开关 K_2，同步电机定子绕组经调压器外施额定频率的三相低电压（为额定电压的 $10\%\sim15\%$），电压数值不宜过高，以免因磁阻转矩将电机牵入同步，同时电压也不能过低，以免剩磁电压引起过大误差。

（4）调节原动机转速，当转差尽可能小时，定子电流表指针摆动很慢。读取定子电流周期性摆动的最小值 I_{min} 与相应相电压的最大值 U_{max}，以及电流最大值 I_{max} 与相电压最小值 U_{min}。调节同步机定子外施电压，共测 3 组数据并记录于表 19－1 中。

表 19－1

序号	U_{max}（V）	I_{min}（A）	X_d（Ω）	X_d^*（Ω）	U_{min}（V）	I_{max}（A）	X_d（Ω）	X_d^*（Ω）
1								
2								
3								

（5）计算：

$$X_d=\frac{U_{max}}{I_{min}}, \quad X_q=\frac{U_{min}}{I_{max}}, \quad X_d^*=\frac{X_d}{Z_N}, \quad X_q^*=\frac{X_q}{Z_N}$$

$$X_d^*=\frac{X_{d1}^*+X_{d2}^*+X_{d3}^*}{3}, \quad X_q^*=\frac{X_{q1}^*+X_{q2}^*+X_{q3}^*}{3}, \quad Z_N=\frac{U_N}{\sqrt{3}\,I_N}$$

2. 用反同步旋转法测负序电抗 X_2。

实验接线图如图 19－1 所示。

（1）闭合开关 K_3，启动原动机，使同步机转子以同步转速旋转。

（2）合上开关 K_2，调节外施电压，使定子绕组产生反向旋转磁场。将定子电压缓慢上升，直到定子电流达到 $30\%\sim50\%$ 的额定电流，读取定子线电压、相电压和相电流值，调节定子电流，测量 3 组数据并记录于表 19－2 中。

表 19－2

序号	$U_{线}$（V）	$U_{相}$（V）	$I_{相}$（A）	X_2（Ω）	X_2^*（Ω）
1					
2					
3					

（3）计算：

$$X_2=\frac{U_{相}}{I_{相}}, \quad X_2=\frac{U_{线}}{\sqrt{3}\,I_{相}}, \quad X_2^*=\frac{X_2}{Z_N}, \quad Z_N=\frac{U_N}{\sqrt{3}\,I_N}$$

3. 用单相电源法测零序电抗 X_0。

实验接线图如图 19－2 所示。

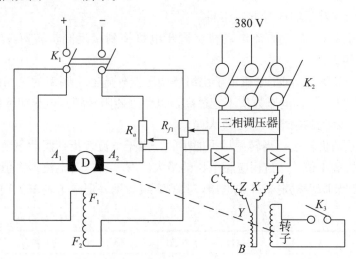

图 19－2　零序电抗测定实验接线（图）

（1）闭合开关 K_3，将同步发电机转子绕组短接。定子三相绕组顺向串联后接一单相电源。

（2）启动直流电动机，将同步发电机拖到额定转速，并注意在整个实验过程中保持转速不变。

（3）合上开关 K_2，经过调压器加于定子绕组的电压起始值应从最小开始，逐步升高电压，使定子绕组中的电流接近额定值，读取电压 U、电流 I 和输入功率 P。调节电流为不同值，测取 3 组数据并记录于表 19－3 中。

表 19－3

序号	U (V)	I (A)	P (W)	R_0 (Ω)	R_0^* (Ω)	Z_0 (Ω)	Z_0^* (Ω)	X_0 (Ω)	X_0^* (Ω)
1									
2									
3									

（4）计算：

$$Z_0 = \frac{U}{3I}, \quad R_0 = \frac{P}{3I^2}, \quad X_0 = \sqrt{Z_0^2 - R_0^2}$$

$$X_0^* = \frac{X_0}{Z_N} = \frac{X_{01} + X_{02} + X_{03}}{3Z_N}, \quad Z_N = \frac{U_N}{\sqrt{3}\, I_N}$$

4. 特定转子位置法测超瞬变电抗 X_d'' 和 X_q''。

实验接线图如图 19－3 所示。

（1）同步发电机转子静止，转子绕组经开关 K_3 短接。定子任意两相绕组经调压器接单相电源。给定子电枢电流的变化，当找到电枢电流最大的转子位置时，读取电压

U、电流 I 和功率 P。再继续缓慢转动转子，当电枢电流为最小时，读取电压 U、电流 I 和功率 P。改变不同外施电压重做上述实验，测取 3 组数据并记录于表 19－4 中。

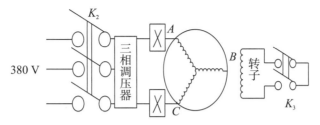

图 19－3　特定转子位置法实验接线图

表 19－4

序号	$U_{\min}(V)$	$I_{\max}(A)$	$P(W)$	$r_d''(\Omega)$	$Z_d''(\Omega)$	$X_d''(\Omega)$	$U_{\max}(W)$	$I_{\min}(A)$	$P(W)$	$r_q''(\Omega)$	$Z_q''(\Omega)$	$X_q''(\Omega)$
1												
2												
3												

（2）计算：

$$r_d'' = \frac{P}{2I_{\max}^2}, \quad Z_d'' = \frac{U_{\min}}{2I_{\max}}, \quad X_d'' = \sqrt{Z_d''^2 - r_d''^2}, \quad X_d''^* = \frac{X_d''}{Z_N}$$

$$r_q'' = \frac{P}{2I_{\min}^2}, \quad Z_q'' = \frac{U_{\max}}{2I_{\min}}, \quad X_d'' = \sqrt{Z_q''^2 - r_q''^2}, \quad Z_q''^* = \frac{X_q''}{Z_N}$$

五、实验报告

1. 根据表 19－4 中各项实验数据计算出同步发电机的各项参数，按标幺值大小顺序排出上述参数，并与理论分析进行比较。

2. 试述用特定转子位置法测超瞬变电抗 X_d'' 和 X_q'' 的原理。

实验二十　三相同步发电机瞬变参数的动态测定

一、实验目的

1. 了解 SC-16 光线示波器的基本作用原理，熟悉其使用方法及主要参数。
2. 用三相突然短路法和电压恢复法求取同步发电机瞬变参数。

二、预习要点

1. 认真阅读 SC-16 光线示波器的使用说明书，着重熟悉使用方法、操作步骤及使用过程中应注意的问题。

2. 突然短路电流包括哪几部分？如何根据短路电流议程式求同步发电机的瞬变参数？

3. 为什么做突然短路实验要求三相同时合闸，而做电压恢复实验要求三相同时断开？

4. 时间常数 T''_d 的值为什么可以由 $0.386\Delta I''_{d0}$ 时的时间确定？

5. 如果同一台电机用三相突然短路和电压恢复两种方法测量瞬变过程参数，试将测得结果进行比较，并比较两种实验方法的优缺点。

三、实验内容

1. 同步发电机空载时，在电枢电压为 $0.25U_N$ 条件下进行三相突然短路，测定参数 X'_d，X''_d，T'_d，T''_d 和 T_a。

2. 用恢复电压法测定参数 X'_d，X''_d，T'_{d0} 和 T''_{d0}。

四、实验线路及操作步骤

1. 三相突然短路实验。

实验接线图如图 20-1 所示。

(1) 实验前的准备。

①由励磁机供给励磁的同步发电机，实验时励磁机必须采用他励。用其他直流电源供给励磁时，应保证同步发电机励磁回路总电阻不变。其目的是避免影响励磁回路的时间常数 T'_d。

②在图 20-1 中，短路开关 K_2 可用接触器，也可用闸刀开关，但不管用哪种开关，都必须满足：接通时三相同时接通，断开时三相同时断开。实验前应经检查调整后

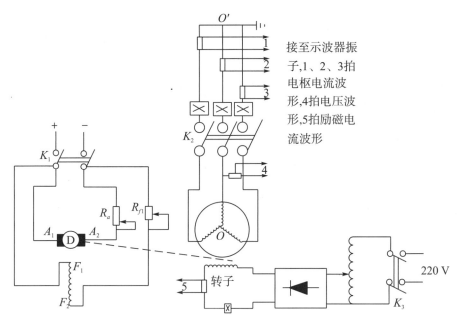

图 20—1　同步发电机瞬变参数实验接线图

才能使用。

③摄录短路电流波形所用分流器应采用无感分流器,即选用与录波器配套使用的电阻箱。分流器的电流额定值应大于电枢电流额定值。

④为确保人身及仪表安全,应将分流器接在短路开关 K_2 与中性点 O' 之间,如图 20－1所示。中性点 O' 必须可靠接地,电枢回路所有接线必须可靠。

⑤实验正式进行前,录波器应预先进行调整,对所录各波形位置作适当安排,使波形不要超感光纸边缘。振子光点聚交要好,并应选用工作频率较高的振子。

⑥三相突然短路电流的最大值可按下列公式估计:

$$I_{max} \approx \frac{2\sqrt{2}U^*}{X_d''^*} I_N$$

式中:U^* 为突然短路前空载电枢电压,标幺值;$X_d''^*$ 为超瞬变电抗的设计值(或估计值),标幺值;I_N 为同步发电机额定电流。

(2) 实验步骤。

①合上开关 K_1,启动直流电动机将转速调到同步发电机的额定转速,并保持不变。合上开关 K_3,给同步发电机加励磁电流 I_f,使电枢电压 $U=0.25U_N$ 作空载运行。

②短路前记下电枢电压 $U_{(0)}$(线电压)和励磁电流 I_f。然后将电枢绕组突然短路,在短路开关合闸前一瞬间启动示波器,摄取电枢电压、三相电枢电流及励磁电流波形。

③为确定电流、电压波形的比例尺(A/mm、V/mm),当电枢电流波形稳定时,测出三相电枢电流及励磁电流数值。

2. 电压恢复实验。

将同步发电机拖到额定转速,在未加励磁电流的情况下将三相电枢绕组短路(即合上图 20－1中的开关 K_2),再加励磁电流,调到空载额定电压时的励磁电流 I_{f0},记下

此时的电枢电流 I_k，然后将短路的三相电枢绕组同时断开（即断开图 $20-1$ 中开关 K_2），用录波器录取任一相电枢电流和任一相电枢线电压的恢复波形。录取波形过程中，同样应提前一瞬间启动录波器再断开 K_2，当电压恢复稳定后，记下此时的电压数值，以确定空载电压波形的比例尺（V/mm）。

五、实验报告

1. 根据三相突然短路实验所摄取的电流波形进行加工，以求瞬变参数。

（1）画出短路电流包络线，将所摄取电流波形的各个峰值绘制在等分的直角坐标纸上，然后用平滑的曲线连接起来，就得出一相电流上下两条包络线，如图 $20-2$ 所示。

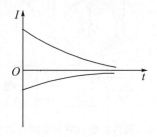

图 $20-2$　一相短路电流的包络线

（2）将各相电枢电流的周期分量与非周期分量分开，取任一瞬间上下包络线的纵坐标，二者代数和的一半为该瞬间电流的非周期分量，二者代数差的一半为周期分量，再求出三相周期分量的平均值。

（3）求瞬变分量（$\Delta I_k'$）和超瞬变分量（$\Delta I_k''$）。从电枢电流周期分量曲线中减去稳态短路电流 $i_k(\infty)$，即得 $\Delta I_k' + \Delta I_k''$ 电流曲线，将其绘于半对数坐标纸上，如图 $20-3$ 所示。延长 $\Delta I_k' + \Delta I_k''$ 曲线并减去 $\Delta I_k'$，即得 $\Delta I_k''$，示于图 $20-3$ 中。$\Delta I_k''$ 曲线交纵坐标的点即是 $\Delta I_{k(0)}''$。

（4）直轴瞬变电抗 X_d' 可按下式计算：

$$X_d' = \frac{U_{(0)}}{\sqrt{3}(I_{k(\infty)} + \Delta I_{k(0)}')}$$

式中：$U_{(0)}$ 为短路瞬间空载电枢线电压。

直轴超瞬变电抗 X_d'' 可按下式计算：

$$X_d'' = \frac{U_{(0)}}{\sqrt{3}(I_{k(\infty)} + \Delta I_{k(0)}' + \Delta I_{k(0)}'')}$$

（5）电枢绕组短路的直轴瞬变时间常数 T_d' 是电枢电流瞬变周期分量自初始值衰减到 0.368 倍初始值所需的时间。

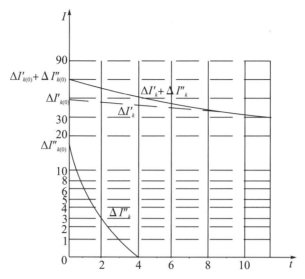

图 20－3 突然短路电流的瞬变分量与超瞬变分量

电枢绕组适中时的直轴超瞬变时间常数 T_d'' 是电枢电流超瞬变周期分量 $\Delta I_k''$ 自初始值衰减到 0.368 倍初始值所需的时间。如 $\Delta I_k''$ 衰减曲线起始部分为非直线时，则应由该曲线的直线部分延伸到纵坐标，以得到 T_k'' 所需的超瞬变分量初始值，然后再进行计算。

电枢绕组短路时的非周期分时时间常数 T_a 是电枢电流非周期分量 I_a 自初始值衰减到 0.368 倍初始值所需的时间。

T_d'，T_d'' 和 T_a 可以从图 20－3 中求得。

2. 对根据电压恢复法所得电压波形进行加工，以求瞬变参数。

（1）将稳定电压 $U_{(\infty)}$ 与恢复电压包络线之间所确定的电压差值对时间的关系绘于半对数坐标纸上，如图 20－4 所示。此曲线即为 $\Delta U' + \Delta U''$，由此曲线的直线部分处延长与纵坐标相交点即为 $\Delta U_{(0)}'$，$\Delta U' + \Delta U''$ 曲线减去 $\Delta U'$ 曲线之对应值得到 $\Delta U''$ 曲线。

直轴瞬变电抗 X_d' 可按下式计算：

$$X_d' = \frac{U_{(\infty)} - \Delta U_{(0)}'}{\sqrt{3}\,I_k}$$

式中：I_k 为紧接在短路断开前测得的电枢电流。

直轴超瞬变电抗 X_d'' 可按下式计算：

$$X_d'' = \frac{U_{(\infty)} - \Delta U_{(0)}' - \Delta U_{(0)}''}{\sqrt{3}\,I_k}$$

（2）电枢绕组开路时的直轴瞬变时间常数 T_{d0}' 是瞬变电压分量自初始值 $\Delta U_{(0)}'$ 衰减到 0.368 倍时所需的时间。

超瞬变时间常数 T_{d0}'' 是超瞬变分量自 $\Delta U_{(0)}''$ 衰减到 0.368 倍时所需的时间。

从图 20－4 求得 T_{d0}' 和 T_{d0}'' 后，可按下式求得电枢绕组短路时直轴瞬变时间常数为

$$T_d' = T_{d0}' \frac{X_d'}{X_d}$$

式中：X_d 为用不饱和值。

电枢绕组短路时直轴超瞬变时间常数为

$$T_d'' = T_{d0}'' \frac{X_d''}{X_d'}$$

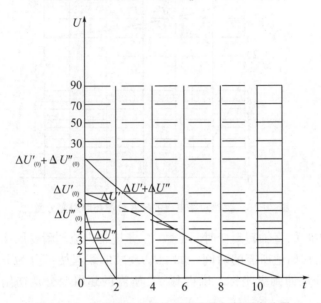

图 20-4 电压恢复曲线的瞬变分量与超瞬变分量

实验二十一　三相同步电动机的异步启动及 U 形曲线测定

一、实验目的

1. 掌握三相同步电动机的异步启动方法。

2. 调节同步电动机成为同步补偿机及同步电动机运行，并测取两种情况下的 U 形曲线。

二、预习要点

1. 同步电动机异步启动的原理是什么？启动过程的操作步骤是什么？

2. 同步电动机异步启动时，为什么转子励磁绕组既不能开路也不能直接短路？

3. 同步电动机异步启动完毕后，转子绕组通入励磁电流，这时定子电流与电机转速有什么变化？

4. 同步电动机的 U 形曲线是在什么条件下测定出来的？调节同步电动机的励磁对电网的功率因数有何影响？

5. 用直流发电机作同步电动机的负载时，怎样保持同步电动机的输出功率 P_2 不变？

三、实验内容

1. 同步电动机的异步启动。

异步启动后，观察转子绕组通入励磁前和通入励磁后，定子电流和电机转速的变化。

2. 同步电动机的 U 形曲线：$I = f(I_f)$，保持 $U = U_N$，$f = f_N$。

测取 $P_2 \approx 0$（运行于同步补偿机状态）时的 U 形曲线。

测取 $P_2 \approx \dfrac{1}{2} P_N$（运行于同步电动机状态）时的 U 形曲线。

四、实验线路及操作步骤

1. 同步电动机的异步启动。

实验接线图如图 21－1 所示。

将开关 K_3 合向右边，使转子绕组通过外接电阻 R_T 闭路。R_T 的数值为转子绕组本身电阻的 8~10 倍。

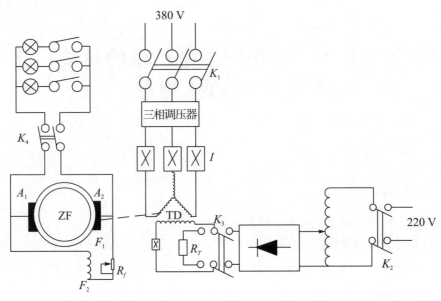

图 21-1　同步电动机的异步启动实验接线图

励磁电源开关 K_2 和负载开关 K_4 断开，直流发电机励磁电阻 R_f 放在最大位置。

调节调压器手柄，将调压器输出电压调至同步电动机额定电压 60％左右。

为了防止启动时冲击电流损坏仪表，启动前应将电流表和瓦特表电流线圈从线路中拆除。

合上电源开关 K_1，同步电动机开始异步启动，待转速升起来后，调节调压器输出，使同步电动机定子绕组外施额定电压。测取此时的电枢电流和转速并记录于表 21-1 中。

表 21-1

测量内容		I_A（A）	I_B（A）	I_C（A）	n（r/min）
测量值	异步启动后				
	牵入同步后				

将开关 K_3 从左边合向右边，合上开关 K_2，给同步电动机转子绕组加励磁电流，同步电动机将从异步运行状态被牵入同步再量取此时的电枢电流和转速，并将测量数据记录于表 21-1 中。

2. 测取同步电动机运行于同步补偿机 $P_2 \approx 0$ 时的 U 形曲线。

实验接线图如图 21-1 所示。

同步电动机异步启动后，加励磁牵入同步，并运行于空载状态，即 $U = U_N$，$f = f_N$，$P_2 \approx 0$（直流发电机负载开头断开，处于空载运行，且不加励磁，即把磁场电阻 R_f 放在最大位置）。

增大同步电动机的励磁电流 I_f，使电枢电流 I 增加到 1.2 倍左右的额定电流为止，记下此点的励磁电流 I_f 和三相电枢电流，然后逐步减小励磁电流，电枢电流也随着减小，到电枢电流 $I=I_{\min}$（此点数据必须记下）。继续减小励磁电流，电枢电流又上升，直到 $I=I_N$ 为止，其间共测取 8~9 组数据并记录于表 21－2 中。

表 21－2

$P_2 \approx 0$　　　　　　　　　　　　　　　　　　　　　　　　　单位：A

序号	1	2	3	4	5	6	7	8	9
I_A									
I_B									
I_C									
I									
I_f									

注：
$$I = \frac{I_A + I_B + I_C}{3}$$

3. 测取同步电动机输出功率 $P_2 \approx \frac{1}{2}P_N$ 时的 U 形曲线。

实验接线图如图 21－1 所示。

在 $P_2 \approx 0$ 时的 U 形曲线作完后，将同步电动机的励磁电流逐步增大到使电枢电流为最小时止。

合上负载开关 K_4，逐步减小磁场电阻 R_f，给直流发电机加上励磁建立电压，使同步电动机带负载，当调节磁场电阻到直流发电机电枢电压与电枢电流的乘积约等于同步电动机额定输出功率的一半时，保持直流发电机的电枢电流和励磁电流不变。

增大同步电动机的励磁电流 I_f，使电枢电流 I 达到 1.2 倍额定电流，从此开始测量三相电枢电流和励磁电流，然后逐步减小励磁电流，注意测出电枢电流最小点，再继续减小励磁电流，使电枢电流上升到额定值为止，其间共测 8~9 组数据，记录于表 21－3 中。

表 21－3

$P_2 \approx \frac{1}{2}P_N$　　　　　　　　　　　　　　　　　　　　　　单位：A

序号	1	2	3	4	5	6	7	8	9
I_A									
I_B									
I_C									
I									
I_f									

注：
$$I = \frac{I_A + I_B + I_C}{3}$$

五、实验报告

1. 用坐标纸作出 $P_2 \approx 0$ 和 $P_2 \approx \dfrac{1}{2} P_N$ 时同步电动机的 U 形曲线 $I = f(I_f)$。

2. 试分析改变同步电动机的励磁电流 I_f 对电网功率因数的影响。